Hayder Abd Al-Razzaq Abd Dibs

É fácil mapear o crescimento de uma plantação tropical através de deteção remota e SIG

Hayder Abd Al-Razzaq Abd Dibs

É fácil mapear o crescimento de uma plantação tropical através de deteção remota e SIG

ScienciaScripts

Imprint

Cover image: www.ingimage.com

This book is a translation from the original published under ISBN 978-620-2-06653-2.

Publisher:
Sciencia Scripts
is a trademark of
Dodo Books Indian Ocean Ltd. and OmniScriptum S.R.L publishing group

120 High Road, East Finchley, London, N2 9ED, United Kingdom
Str. Armeneasca 28/1, office 1, Chisinau MD-2012, Republic of Moldova, Europe
Printed at: see last page
ISBN: 978-620-7-91334-3

ÍNDICE DE CONTEÚDO

RESUMO

Nos países tropicais, como a Malásia e a China, a Indonésia e outros países, o acesso às zonas florestais é frequentemente difícil e a informação florestal é inadequada. A teledeteção na silvicultura é muito valiosa e tornou-se importante devido à sua capacidade de recolher dados de grandes áreas e à sua capacidade de gerar informação. Por outras palavras, a tecnologia de deteção remota oferece informação fiável essencial para a monitorização, gestão e inventário florestal. Os objectivos deste estudo são desenvolver uma técnica para estimar o número de árvores de borracha em diferentes idades utilizando técnicas de deteção remota e comparar algoritmos de classificação para encontrar o melhor classificador satisfatório para a floresta tropical. Com base na análise de dados das imagens Spot 5 captadas em 2007, foram classificadas oito classes de ocupação e uso do solo, tais como floresta, seringueira, dendezeiro, corpos de água, solo, área urbana e outra vegetação, para extrair o mapa temático de ocupação e uso do solo, utilizando diferentes classificadores, como a máxima verosimilhança, a distância de Mahalanobis, a distância mínima, a rede neural, a rede de decisão e o algoritmo de classificação, Distância mínima, rede neural, árvore de decisão, paralelepípedo e SAM para efetuar a classificação com base nos pixels e por classificação de orientação de objectos, como o algoritmo SVM e K-NN, estimando depois o mapa temático de seringueiras de diferentes idades distribuídas em Hulu Selangor, no estado de Selangor, na Malásia. Foram utilizadas muitas técnicas de análise diferentes para identificar as características localizadas na área de estudo, como o Density Slicing, os índices de vegetação e a determinação do valor DNs para cada caraterística na área de estudo em cada banda das imagens Spot 5. Os resultados deste estudo demonstraram que o Spot 5 fornece bons dados para gerir e monitorizar a floresta tropical e envelhecer as seringueiras, sendo os algoritmos K-NN, SVM e Mahalanobis os classificadores mais poderosos para efetuar a classificação em áreas cobertas por diferentes espécies de vegetação. A precisão global para estimar as seringueiras foi de 97,49%, 96,90% e 96,25%, respetivamente.

Em nome de Deus, o Clemente, o Misericordioso

Aos meus pais, pelo seu apoio e encorajamento.

À minha amada esposa e aos meus filhos Mohammed e Ali, ao meu irmão, às minhas irmãs e aos meus amigos pelo seu encorajamento e amor.

LISTA DE ABREVIATURAS

(CBD)	Convention on Biological Diversity
(CMS)	Convention on Migratory Species
(CITES)	Convention on International Trade in Endangered Species
(WHC)	World Heritage Convention
(RS)	Remote Sensing
(GIS)	Geographic Information System
(RISDA)	Rubber Industrial Smallholders Development Authority
(MRB)	Malaysian Rubber Board
(MRE)	Malaysian Rubber Exchange
(ASEAN)	Association of Southeast Asian Nations
(VIs)	Vegetation Indices
(AIRSAR)	Airborne Synthetic Aperture Radar
(LU/LC)	land use and land cover
(ETM+)	Enhanced Thematic Mapper plus
(TM)	Thematic Mapper
(GCPs)	Ground Control Points
(SRTM)	Shuttle Radar Topography Mission
(NBSS)	National Bureau of Soil Survey
(LUP)	Land Use Planning
(SAM)	Spectral Angler Mapper
(FCC)	False Color Combination image

(DEM)	Digital elevation model
(MNDVI)	Modified Normalizes Differences Vegetation Index
(ASTER)	Advanced Space borne Thermal Emission and Reflection Radiometer
(GPS)	Global Positioning System
(NDVI)	Normalized Difference Vegetation Index
(ROC)	Relative Operating Characteristic
(SPOT)	Satellite Pour l'Observation de la Terre
(HRV)	High Resolution Visible
(MRA)	Multi-Resolution analysis
(WT)	Wavelet transform
(VGT)	SPOT Vegetation satellites
(AGC)	Apparent Green Cover
(CIA)	Central Intelligence Agency
(RSO)	Rectified_Skew_Orthomorphic
(DT)	Decision Tree
(BI)	Soil Brightness index
(ROIs)	Region of Interest
(SVM)	Support vector machine
(MDC)	Mahalanobis Distance classifier
(GIS)	Geographic information systems

CAPÍTULO 1

Introdução

1.1 Antecedentes do estudo

As florestas tropicais cobrem mais de 60 países e representam os recursos mais valiosos da vegetação, consistindo em cerca de (50% - 90%) das espécies vegetais e animais à superfície da Terra (Mertens, 1999; CIDA, 2001). Cobre cerca de 57% da floresta e serve de habitat a mais de 500 milhões de pessoas que vivem na floresta ou na zona circundante da floresta com base nas necessidades económicas que correspondem às suas necessidades, como um bom lugar para se abrigarem, bons recursos alimentares ou utilizar a floresta como a melhor forma de aumentar o rendimento (CIDA, 2001). A floresta tropical húmida central que resta no mundo depois da bacia amazónica (Mertens, 1999).

Existem cerca de 8000 espécies de plantas, 80 % das quais são endémicas, que ocorrem nesta região (Gemerden et al., 2002). As florestas tropicais desempenham um papel importante na regulação do clima, o que indica a sua importância a nível global, tudo isto relacionado com a biodiversidade destas florestas (Mertens, 1999). As vantagens da floresta tropical para as pessoas estão relacionadas com a variedade de funções e bens que proporciona a essas pessoas (Sonne, 2001). Recentemente, a floresta tropical húmida tem sofrido alterações naturais e maciças induzidas pelo homem. As alterações que ocorrem no coberto florestal implicam geralmente uma modificação ou uma conversão (Mather, 1987). A degradação e a desflorestação são, respetivamente, alguns destes processos. Apesar do reconhecimento e da preocupação crescentes com a importância social, ecológica e económica das florestas tropicais, existem algumas divergências quanto aos mecanismos de desflorestação tropical, uma vez que há diferenças na estimativa e na definição (Serneels, 2001).

1.2 Gestão da floresta tropical através de deteção remota

A capacidade contínua dos ecossistemas para manter os processos biológicos de modo a proporcionar as suas inúmeras vantagens é uma das prioridades importantes da vida. Até agora, desde há muito tempo e em diferentes países de todo o mundo, tanto nos países ricos como nos pobres, as prioridades têm-se centrado na forma como o ser humano lida com os ecossistemas e, por outro lado, tem sido dada muito pouca atenção às nossas acções negativas nos ecossistemas (White et al., 2000).

Hoje em dia, a compreensão da identificação, delimitação, monitorização, levantamento e comunicação de informações sobre ecossistemas de grande importância a nível mundial e nacional tem aparecido nas reuniões de topo sobre o ambiente a nível mundial, como a Convenção sobre a Diversidade Biológica (CDB), a Convenção sobre Espécies Migratórias (CMS), a Convenção sobre o Comércio Internacional de Espécies Ameaçadas (CITES), a Convenção sobre o Património Mundial (WHC) e outras (de Sherbirinin ,2005). No entanto, a taxa de ocupação/utilização do solo e a sua alteração em grandes áreas, bem como o desenvolvimento e a adoção de novos procedimentos, são muito importantes e necessários; os inquéritos no terreno não conseguem acompanhar este ritmo

(Osborne et al., 2001). No entanto, as necessidades de dados e de informação tornaram-se atualmente mais complexas (de Sherbinin , 2005). Nas últimas duas décadas, a qualidade, a acessibilidade e as formas de recolha de dados espaciais foram significativamente melhoradas através da utilização de aplicações de Deteção Remota (RS) e de sistemas de informação geográfica (SIG), espacializando os dados espaciais relacionados com a gestão e conservação dos recursos naturais. A teledeteção tem uma boa aceitação para utilização na proteção, gestão e conservação dos recursos naturais, o que coincide com a ampla difusão de relatórios de modificação do sistema natural e dos habitats da vida selvagem nas últimas três décadas. Os peritos e os utilizadores da teledeteção acompanham rapidamente a evolução da tecnologia, uma vez que existem algumas preocupações que conduzem ao aumento das condições ambientais adversas. O desenvolvimento da capacidade e da fiabilidade do Sistema de Informação Geográfica (SIG) tornou possível o processamento de grandes volumes de dados gerados através da teledeteção (Lunetta et al., 1999).

1.3 Motivação do projeto

O desenvolvimento da teledeteção (RS) e do sistema de informação geográfica (SIG) tem sofrido rápidas alterações nos últimos tempos. As mudanças em várias áreas fazem-nos muitas vezes pensar nas inovações que estão a ser introduzidas neste momento para o desenvolvimento futuro dos dados geoespaciais que são utilizados em diferentes domínios, tais como a criação de um novo software para analisar os dados de deteção remota (Envi, Erdas, PCI_Geomatica e definiens developer). Encontrar novos procedimentos diferentes para efetuar a classificação de imagens de deteção remota relacionadas com diferentes utilizações (utilidades civis ou militares), especialmente as relacionadas com a ocupação do solo, para ajudar os analistas a descobrir e gerir os diferentes recursos naturais que lhes interessam, além disso, há novos satélites que foram lançados para o espaço e têm novas tecnologias com diferentes técnicas para obter dados (Radar, porção visível e infravermelha próxima do espetro) e depois utilizar estes dados por cientistas e analistas. Uma das preocupações dos cientistas na classificação das florestas tropicais é o papel importante que estas florestas desempenham na economia e nas alterações climáticas e a idade do povoamento das árvores da borracha é uma dessas preocupações.

1.4 Declaração do problema

A procura mundial de látex e de madeira faz com que se verifique um rápido crescimento das seringueiras no contexto económico e industrial da Malásia nos últimos pares de décadas. A Malásia, a China e a Tailândia são os países que mais fornecem látex ao mundo no sul da Ásia. A gestão e o controlo destes importantes recursos a partir da técnica de inquérito por amostragem e da recolha de informações junto dos pequenos proprietários tornaram-se tão cruciais, dispendiosos, desperdiçadores de tempo e também não fornecem informações temporais ou espaciais sobre a distribuição da borracha, que é necessário melhorar a utilização da tecnologia geoespacial para melhorar, melhorar, reduzir custos e atualizar diariamente os dados,Devido à capacidade do SIG e da deteção remota de fornecer dados e ferramentas que podem ser utilizados para apoiar a identificação da cobertura do solo e da mudança, são uma excelente forma de monitorizar e analisar estas mudanças e fornecem informações precisas e exactas que correspondem às necessidades do governo e dos pequenos proprietários. Obter dados precisos e actualizados para estimar e mapear a distribuição do crescimento da seringueira é muito importante. Atualmente, os analistas tentam utilizar a capacidade das técnicas de teledeteção para cartografar o crescimento das seringueiras em diferentes idades. No entanto, as técnicas de teledeteção enfrentam muitas dificuldades para o fazer, em primeiro lugar, a distribuição das seringueiras cobre uma área quase pequena em comparação com outras características localizadas na área circundante ao nível da cobertura do solo, como massas de água, arroz, florestas e terras agrícolas. Em segundo lugar, a reflectância espetral das seringueiras no nível maduro tem semelhanças com as características de reflectância espetral das árvores tropicais de folha perene, o que leva a algumas sobrestimações e também a erros de classificação com estas espécies (Li et al., 2011). Em terceiro lugar, as seringueiras jovens reflectem uma reflectância espetral mista que torna confusa a identificação das espécies e essa mistura espetral está relacionada com o facto de as seringueiras jovens crescerem numa mistura heterogénea de texturas provenientes do solo em pousio, do matagal misto e da cultura intercalar proveniente do crescimento de culturas económicas na área circundante das seringueiras, como o ananás e outras. Mesmo após três a quatro anos de idade da seringueira, a reflectância espetral não é suficiente para a identificação com outras características localizadas na mesma área. Em quarto lugar, há outra dificuldade para mapear e identificar as seringueiras num mapa, simplesmente porque a elevada variabilidade intra-classe entre as diferentes idades das seringueiras leva a outra dificuldade para diferenciar as seringueiras num único mapa, e a figura (1) abaixo mostra estes conceitos

(Figura 1.1). Demonstra as seringueiras em diferentes idades.

(a) Seringueiras com mais de 7 anos de idade (a imagem revela as árvores a serem extraídas do látex); (b) Seringueiras entre (4-7) anos; (c) Seringueiras com menos de 4 anos de idade com solo nu;

(d) Seringueiras com menos de 4 anos intercaladas com mandioca; (e) Seringueiras com menos de 4 anos intercaladas com ananás; e (f) árvores com menos de 4 anos misturadas com ervas daninhas num campo em pousio. (Li, Z et al., 2011)

1.5 Objetivo do estudo

Atualmente, o governo da Malásia tem o orçamento e o interesse de replantar as velhas seringueiras que dão baixa produtividade de látex para as substituir por novas gerações, a fim de ajudar os pequenos agricultores a aumentar a produtividade e a eficiência através da replantação de velhas seringueiras com novas sementes híbridas de borracha. Na Malásia, existe uma organização chamada Rubber Industrial Smallholders Development Authority (RISDA) que desempenha este papel. A RISDA concederá subsídios de 13 500 RM por hectare a todos os pequenos proprietários interessados em desenvolver projectos de replantação de seringueiras. O Vice-Ministro das Obras Públicas, Datuk Yong Khoon Seng, afirmou que "os proprietários de terras devem aproveitar a oportunidade para se candidatarem ao programa, uma vez que este é muito mais elevado do que o subsídio de 9 000 RM por hectare oferecido na Malásia Peninsular". O desenvolvimento da comunidade de pequenos proprietários é muito importante no contexto económico e aumenta a economia do país (BRNEO Post online web site. Este estudo tem dois objectivos: avaliar a eficácia das imagens multiespectrais obtidas a partir do satélite Spot para estimar espacialmente a cobertura do solo da floresta tropical com seringueiras:

1. Estimar e mapear o crescimento das Seringueiras:

a) Idade inferior a 7 anos.

b) Idade entre (7 - 25) anos.

c) Idade superior a 25 anos

2. Fazer comparações entre diferentes abordagens de classificação

1.6 Âmbito de aplicação e limitações

Para cumprir os objectivos do estudo, pretende-se realizar um estudo de caso sobre o processamento e a classificação de imagens de deteção remota obtidas a partir do satélite Spot 5 para identificar métodos adequados e obter conhecimentos para estimar e cartografar a área coberta por seringueiras e, em seguida, cartografar as idades das seringueiras. O Global Position System (GPS) e o espetrómetro foram utilizados no trabalho de campo, em particular; o estudo de caso classificará os dados das imagens captadas por satélite. No entanto, satélites como (Landsat 7 ETM+, MODIS e NOAA) têm sido amplamente utilizados para estimar a cobertura do solo em plantações florestais, especialmente com a classificação de seringueiras, sendo ainda necessários outros satélites com maior resolução espacial, espetral e temporal para efetuar uma boa classificação das plantas e poder estimar as idades dos povoamentos de seringueiras. Neste estudo, a imagem de satélite Spot 5 foi utilizada para realizar diferentes tipos de algoritmos de classificação. O Spot 5 é um dos satélites utilizados para monitorizar a vegetação, fornecendo não só dados fiáveis, flexíveis, de resolução mais elevada e que poupam tempo, mas também dados quase em tempo real. Neste estudo, foram utilizadas imagens de satélite Spot 5 para efetuar esta investigação e estas imagens cobriram uma área de cerca de (30 x30) Km^2

, o que equivale a metade das imagens Spot 5 sobre a área de estudo. A área de estudo situa-se em Hulu Selangor, no estado de Selangor, no oeste da Malásia. Através da integração da tecnologia de deteção remota e SIG. O satélite Spot 5 tem apenas 5 bandas que nos darão bons resultados. No entanto, este estudo tem algumas limitações: a classificação das espécies de vegetação necessita ainda de uma resolução espacial, espetral e temporal mais elevada, como é o caso dos satélites IKONOS e QuickBird com dados multiespectrais e também com a utilização de dados de teledeteção hiperespectrais, o que melhorará os resultados da classificação e, além disso, a adição de alguns parâmetros no processamento e análise dos dados para melhorar a monitorização e a cartografia das seringueiras, tais como (DEM, declive, aspeto, bibliotecas espectrais, classes de solo e temperatura), todos estes parâmetros melhorarão a identificação da classificação da vegetação.

1.7 Organização da tese

Esta tese é composta por cinco capítulos. O capítulo um apresenta o projeto da pesquisa, ilustra a declaração do problema, esclarece os objetivos da pesquisa. O capítulo dois examina a revisão da literatura dos assuntos e relacionados a esta pesquisa. Este capítulo analisa os esquemas de classificação da ocupação do solo e de estimativa da idade das seringueiras. Entretanto, o capítulo três contém uma descrição pormenorizada da metodologia utilizada na investigação e dos dados que foram recolhidos, da análise e da avaliação do desempenho dos diferentes algoritmos de classificação. Explica as etapas de utilização de diferentes classificações (normal e avançada) e efectua a comparação entre elas. Posteriormente, o capítulo quatro destaca os resultados das classificações da ocupação do solo que são obtidos a partir de diferentes algoritmos e o mapeamento das diferentes idades das Seringueiras. Finalmente, o capítulo cinco apresenta a conclusão, juntamente com recomendações para trabalhos futuros.

CAPÍTULO 2

REVISÃO DA LITERATURA

2.1 Seringueiras (Hevea brasiliensis)

O crescimento dos pequenos produtores de borracha em diferentes estados da Malásia tem de ser visto como parte de um cultivo geral para a produção comercial para o mercado global, tal como aconteceu em muitas regiões de montanha do Sudeste Asiático no século passado. A seringueira é uma das mais famosas árvores tropicais de folha caduca, que atinge uma altura de 25-30 metros na sua área de distribuição natural. A produção de látex sem levar muito em conta o seu potencial de produção de madeira (Hong1999). A Hevea brasiliensis ou seringueira do Pará, simplesmente chamada de seringueira, é uma das árvores que pertencem à família das Euphorbiaceae, e a árvore mais importante do género Hevea em termos económicos. A importância deste tipo de árvore está relacionada com o seu látex que extrai desta árvore este líquido que é conhecido por látex. A árvore da borracha tem sido cultivada apenas na floresta amazónica. A procura aumentou drasticamente e, após a descoberta do processo de vulcanização, a seringueira tornou-se mais abundante nessa região em 1839. O nome da seringueira deriva de (Pará), a segunda maior cidade do Brasil (Zhang et al., 2008). A borracha foi usada no início do tempo para fazer algumas bolas que eram usadas no jogo de bola mesoamericano. Em seguida, houve algumas tentativas de plantar essas árvores (hevea brasilensis) em 1873 fora do Brasil. Depois de algum esforço, algumas mudas foram cultivadas no Royal Botanic Gardens, Kew. Depois enviaram algumas destas sementes para a Índia como uma primeira tentativa de plantar esta árvore, mas infelizmente morreram. Uma segunda tentativa foi em 1875, através do contrabando de cerca de 70.000 sementes para Kew, por Henry Wickham, um dos membros do Império Britânico, cerca de 4% dessas sementes foram cultivadas com sucesso, e depois disso, por um ano, em 1876, outras mudas foram enviadas para o Ceilão, para o Jardim Botânico de Singapura. Após o sucesso da plantação de borracha fora do seu país de origem, a borracha foi propagada na maioria das colónias britânicas. (Depois foi levada para a Malásia e outros países do Sudeste Asiático. A seringueira teve um rápido boom na Malásia; a maioria das árvores da selva foi cortada e replantada com seringueira. Henry Nicholas Ridley, diretor dos jardins botânicos de Singapura em 1888, foi um dos pioneiros da época e talvez tenha feito mais do que ninguém para incentivar a plantação de seringueiras. Cerca de 2500 hectares de seringueiras foram plantados na Ásia no final do século XIX.th Pouco tempo depois de Henry Ford ter começado a fabricar o seu automóvel neste país, a procura de borracha para fabricar pneus aumentou vertiginosamente. As florestas da América do Sul não conseguiam produzir borracha suficiente para satisfazer a nova procura, o que levou as novas plantações da Ásia a encontrarem o caminho para os mercados mundiais para toda a borracha que conseguiam produzir. Em 1910, foram plantados (meio milhão) de hectares de seringueiras e os países asiáticos tornaram-se os principais fornecedores de borracha. Os cientistas desenvolveram borrachas artificiais para utilizar no petróleo, muitas vezes misturadas com borracha natural. Para alguns produtos, por outro lado, apenas a borracha natural pode ser utilizada (Lemmens et al., 1995). A variação na resistência ao vento tem sido observada, com base na ramificação (Cilas et al., 2004). A extração do látex pode ser iniciada quando a borracha amadurece, especialmente na idade entre 7 e 10 anos. O objetivo da plantação de borracha a nível económico é a produção de látex, pelo que se deve pensar no ciclo de vida da borracha e na idade em que a seringueira deve ser replantada para uma nova geração. A distribuição da plantação de borracha está indicada na Figura (2.1). Para além da Malásia, Tailândia e Indonésia, também a Índia, Sri Lanka, China, Vietname, Nigéria e Libéria, Brasil (FAO 2006). No Quadro (2.1), compara-se a produção e o desenvolvimento da área plantada com seringueiras nos três países.

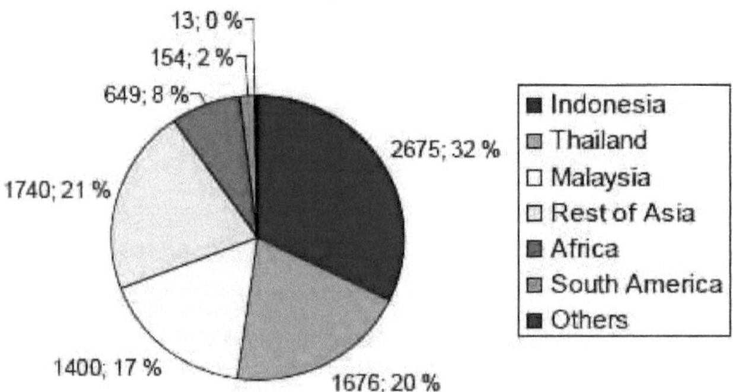

(Figura 2.1). A percentagem de borracha na área total plantada no mundo no ano de 2004

(fonte:Laura Rantala, 2006)

(Quadro 2.1). Área de plantação de borracha em 1000 hectares e produção média de borracha natural em quilogramas por hectare por ano (kg -1 ha -1a-1) entre 1985 e 2005 na Indonésia (fonte: Laura Rantala, 2006)

Country	1985 Area	Prod.	1990 Area	Prod.	1995 Area	Prod.	2000 Area	Prod.	2005 Area	Prod.
Indonesia	1 692	624	1 865	684	2 261	678	2 400	671	2 675	796
Thailand	1 411	548	1 400	1 013	1 496	1 378	1 524	1 560	1 680	1 798
Malaysia	1 535	957	1 645	800	1 475	738	1 300	714	1 400	839

2.2 Distribuição das seringueiras na Malásia

A árvore da borracha da Malásia tem uma história rica. Sabe-se que, na Malásia, as seringueiras, desde os 7 anos de idade até aos 25 anos, são utilizadas para extrair o líquido de látex e, depois de a árvore ter mais de 25 anos, a produtividade do látex torna-se mais baixa do que antes, e não só a qualidade do látex, mas também a qualidade das árvores, que, depois de cortadas, serão utilizadas à escala económica como madeira de qualidade para fazer mobiliário, o que se tornou uma forma muito importante de aumentar drasticamente o rendimento económico da Malásia. A seringueira da Malásia é um dos melhores tipos de borracha para produzir borracha natural para comercialização, como é óbvio, se virmos a Malaysian Rubber Exchange (MRE) e a Malaysian Rubber Board (MRB). É uma árvore que cresce de forma saudável se for plantada num clima tropical como o da Malásia e de alguns outros países. Atualmente, a seringueira tem outro papel a desempenhar, sendo utilizada para produzir mobiliário duradouro de alta qualidade e vários produtos de madeira de borracha, e as qualidades únicas dos produtos de madeira de borracha da Malásia tornam-na muito popular em muitos países do mundo, especialmente nos mercados asiático, norte-americano e europeu (o Quadro 2.2) mostra que o volume total anual disponível de madeira de borracha na área da Associação das Nações do Sudeste Asiático (ASEAN) foi estimado em cerca de 17 milhões de m3 (Ser ,1990). No entanto, apenas uma pequena parte deste volume calculado foi efetivamente convertida entre 1982 e 1992, tendo os números relativos à produção de madeira de seringueira na Malásia aumentado de 30 000 m^3 para 1 872 000 m^3 .

(Quadro 2.2). Área replantada com seringueiras na Malásia (ha), (fonte: FDM Asia,1999)

Year	Rubber	Other crops	Total	% rubber
1991	31 500	7 700	39 200	80
1992	33 000	8 400	41 400	80
1993	31 100	10 400	41 500	75
1994	26 100	12 800	38 900	67
1995	22.900	14 000	36 900	62
1996	21 600	13 000	34 600	61
1997	11 300	13 000	24 300	47
1998	9 100	11 000	20 100	46

2.3 Benefícios da seringueira da Malásia

A borracha da Malásia tem algumas vantagens significativas:

❖ A árvore da borracha da Malásia é considerada a madeira de teca mais forte do mundo, utilizada para fabricar mobiliário e a madeira de teca mais cara. A árvore da borracha da Malásia tem algumas características positivas: tem a força da madeira de teca e a suavidade da madeira de bétula, pelo que é muito singular.

❖ Os móveis feitos de madeira de seringueira da Malásia podem ser cortados facilmente para criar um design bonito.

❖ O mobiliário malaio é muito ecológico, porque a árvore utilizada após a extração da humidade da madeira de borracha (Thai See Kiam, 2001).

2.4 Panorama do sector da borracha

A indústria dos produtos de borracha pode ser classificada em látex, pneus e produtos relacionados com pneus e produtos industriais, bem como produtos de borracha em geral. Por exemplo, os produtos de látex incluem cravos-da-índia, cateteres, fios de látex e produtos de espuma. A Malásia é o maior exportador mundial de luvas de borracha, com um PIB médio anual de 6 mil milhões de RM. A indústria das luvas de borracha tem sido, de um modo geral, resistente à recessão e tem registado aumentos das exportações desde 2000. No que diz respeito ao número de empregadores contratados nas explorações de borracha, registou-se um aumento de 497 pessoas (4,8%) em 2011. No entanto, ao comparar os números mensais, houve uma diminuição de 0,1% de agosto para setembro. No total, havia 10.943 pessoas trabalhando nos seringais em setembro de 2011. No entanto, o aumento do número de empregados trabalhando nessa indústria é claramente visível na figura (2.2) abaixo, enquanto a maioria dos trabalhadores estava empregada no mês de julho.

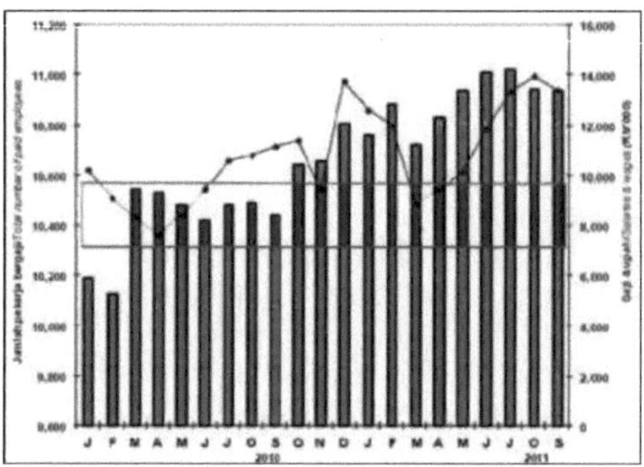

(Figura 2.2). Número de trabalhadores em 2010/2011(fonte: www.matrade.gov.my)

Atualmente, a borracha natural regista um aumento de produção de 85 800 toneladas, o que significa um aumento de 10,4% em comparação com o ano passado. Por outro lado, a produção anual foi reduzida para menos 8,8% do que em 2010. O consumo doméstico de borracha natural alterou-se tanto na produção mensal como na anual, em 2011, mas agora o consumo doméstico de borracha registou um decréscimo de cerca de 6,6% em relação ao ano passado (Departamento de Estatística da Malásia, 2011).

2.5 Exigências climáticas da seringueira

A seringueira é normalmente cultivada em florestas tropicais que se situam a 5° de latitude do equador. O clima ideal para o cultivo da seringueira é aquele que é rico em precipitação intensa e não tem estação seca. De acordo com (Rao et al., 1992), as condições climáticas ideais para o cultivo da seringueira são

1) Uma precipitação de 2500 mm, distribuída uniformemente ao longo do ano, sem estação seca severa e

com 125-150 dias de chuva anuais,

2) Uma temperatura de cerca de 28-35 °C, e a temperatura mínima em torno de mais de 18 °C (Guardiola et al.,2010;Li et al.,2010)

3) A humidade atmosférica é de cerca de 80 %.

4) Sol brilhante cerca de 2000 horas por ano, ou seis horas diárias durante todo o mês.

Nas zonas tradicionais de cultivo da borracha, a precipitação total varia entre 2000-4000 mm

(Rao et al., 1992). No entanto, a seringueira pode ser plantada com sucesso nestas condições de humidade

5) A seringueira pode ser plantada em muitos solos, mas o melhor é aquele que tem solos bem drenados (Lemmens et al.,1995) e profundamente argilosos (Growing multipurpose,1994),

6) Um bom valor de pH do solo para a plantação de seringueira situa-se entre (5-6) (Lemmens et al., 1995), mas se houver uma superfície rochosa e uma drenagem pesada ou se os valores de pH do solo forem superiores a 6,6 ou inferiores a 4, isso terá um impacto negativo no desempenho da seringueira (Krishnakumar et al.,1992).

2.6 Índices de vegetação (VIs)

(VIs) são combinações de reflectância das características da Terra em dois ou mais comprimentos de onda do espetro eletromagnético, geradas para descobrir as propriedades da vegetação. Cada uma das

Os índices de vegetação são criados para demonstrar uma caraterística específica da vegetação. Existem mais de 150 índices de vegetação utilizados na investigação científica, mas apenas alguns conjuntos foram utilizados na investigação. O ENVI 4.8 fornece cerca de 27 VIs para utilizar no seu ambiente para observar a presença e a abundância relativa de pigmentações de plantas, água e outras características que podem ser testadas utilizando estes índices. A seleção das categorias de vegetação mais importantes e dos melhores índices representativos de cada categoria foi efectuada pelo Dr. Gregory P. Asner da Carnegie Institution of Washington, Departamento de Ecologia Global. A seleção de qualquer índice de vegetação está relacionada com a capacidade do índice para ilustrar a propriedade da vegetação.

2.7 Deteção remota

A deteção remota é a ciência que consiste em obter informações sobre um elemento ou fenómeno da superfície terrestre sem qualquer contacto físico com esse elemento, a fim de investigar e analisar os elementos em causa (Lillesand et al., 2007). Qualquer fotografia simples obtida por uma câmara fornece uma grande quantidade de informação sobre objectos sem qualquer contacto físico com esses objectos. Esta fotografia pode introduzir a importância dos conceitos de deteção remota. Os componentes da imagem têm cores diferentes: a flor vermelha, a floresta verde e outra azul. Todas estas informações e detalhes sobre a cor representam o significado da radiação electromagnética e estas cores que se reflectem representam uma porção específica do espetro eletromagnético, também a partir da fotografia podem ser determinadas as relações espaciais entre os componentes dentro da mesma cena. As imagens comuns que se utilizam na deteção remota não são como a fotografia que

A imagem de deteção remota é obtida a partir de diferentes plataformas, tais como satélites, UVA, sensores aéreos e outros tipos de sensores. Se considerarmos a distância que separa o sensor do alvo (as características da Terra), as aquisições de imagens de deteção remota por sensor podem ser classificadas em três grupos: Em primeiro lugar, os sensores que transportam por avião geralmente imagens que são obtidas a alturas entre 500 m e 20 km. Em geral, os levantamentos aéreos são efectuados a menos de 5.000 m. Em segundo lugar, os sensores transportados por satélites e naves espaciais operam a alturas entre (250 -1.000) km. Um bom exemplo deste tipo são as plataformas espaciais como o SPOT5 (832 km), IKONOS (681 km), QuickBird (450) e Landsat 7 ETM+ (705 km). Alguns destes satélites têm uma localização geoestacionária, ou seja, têm a capacidade única de parecerem permanecer sobre a mesma parte da Terra durante todo o ano. Alguns exemplos destes satélites são o Meteosat, o GMS e o GOES-EAST (Satellite Imaging Corporation).

2.8 Dados de deteção remota

A imagem tem dois tipos na deteção remota: o primeiro é a imagem pancromática e o segundo é a imagem multiespectral. A imagem pancromática é uma imagem gravada que tem variações na radiação electromagnética na gama visível do espetro eletromagnético e nesta gama de cerca de (0,4 - 0,7 μm) em tons de cinzento e branco e preto. Em comparação com outras informações espectrais. É frequentemente a resolução espacial mais fina do que os outros dados adquiridos por técnicas de deteção remota e é utilizada para aumentar a resolução mais grosseira das imagens. Atualmente, os dados de satélite pancromáticos são amplamente utilizados em todo o mundo para diversas aplicações, tais como levantamentos geológicos, ambientais, biológicos e de engenharia e trabalhos de cartografia (Lillesand T., et al 2007).

2.9 Deteção remota com aplicações LU/LC

Atualmente, o crescimento dramático das áreas urbanas em termos de uso e ocupação do solo (LU/LC) está sempre em rápido fluxo, alterando ainda mais os processos biológicos, físicos e meteorológicos terrestres, conduzindo a problemas ambientais e ecológicos (Latifovic R et al., 2005; Patrick J.C et al., 2000; Milesi C et al., 2003; Lambina E F et al., 2001). Nos últimos anos, tem-se prestado cada vez mais atenção à monitorização das zonas urbanas através da utilização de imagens de deteção remota multitemporais (Gallego F J et al.,2004; Mayunga S D et al.,2007; Andrew J T et al.,2004). A utilização/cobertura do solo é utilizada para descrever as alterações qualitativas e quantitativas dos aglomerados humanos. (Nemmour H. et al.,2006; Johnson R D. et al.,1998; Olthof I. et al 2007) utilizaram duas formas de processamento de imagens de satélite multitemporais para monitorizar, detetar e analisar as alterações na área urbana, a outra forma fez comparações e algumas análises estatísticas realizadas para observar as alterações que ocorreram, após o que a classificação de todos os padrões de áreas é o primeiro procedimento feito para imagens de deteção remota em cada data, após o que se utiliza a estatística provincial utilizada para os resultados da classificação.

2.10 Aplicação da teledeteção à vegetação

Os dados de imagem dos satélites Landsat Thematic Mapper (Zhe Li et al., 2011), SPOT (M. Charat et al., 2009; Pensuk et al., 2008) aplicaram dados multitemporais do Landsat (1976, 1990 e 2006) para identificar as áreas de cultivo de seringueiras e mapear a idade do povoamento de seringueiras. Foram utilizadas imagens Landsat 5 TM multiespectrais de 30 m, apenas bandas de reflexão não térmicas, e alguns índices de vegetação, como o NDVI e a transformação do chapéu de borla. Os dados SPOT e THEOS foram recolhidos entre 20062009, cobrindo uma área de cerca de 170.000 km^2 . Foi efectuada a digitalização das imagens em ecrã, com base na interpretação visual e tendo em conta os dados relativos ao relevo e ao solo. A partir da diferença nos padrões de diferenciação e classificação da seringueira, foram derivadas três classes de idade do povoamento da seringueira: menos de 5 anos, 5-10 anos e mais de 10 anos (M. Charat et al., 2009), a tabela 2.3 abaixo faz a comparação entre diferentes sensores ópticos espaciais que foram utilizados para a identificação da vegetação.

(Quadro 2.3). Comparação entre as resoluções espaciais e temporais de diferentes sensores ópticos espaciais. (fonte: Liu C.C. et al., 2007)

	SPOT5	Landsat 7 ETM+	IKONOS-2	QuickBird-2	FORMOSAT-2
Spectral range (µm)	HRG: P: 0.48–0.71 B1: 0.50–0.59 B2: 0.61–0.68 B3: 0.78–0.89 B4: 1.58–1.75	Pan: 0.52–0.90 B1: 0.45–0.515 B2: 0.525–0.605 B3: 0.63–0.69 B4: 0.75–0.90 B5: 1.55–1.75 B6: 10.40–12.5 B7: 2.09–2.35	Pan: 0.45–0.90 B1: 0.445–0.516 B2: 0.506–0.595 B3: 0.632–0.698 B4: 0.757–0.853	Pan: 0.45–0.90 B1: 0.45–0.52 B2: 0.52–0.90 B3: 0.63–0.69 B4: 0.76–0.90	Pan: 0.45–0.90 B1: 0.45–0.52 B2: 0.52–0.60 B3: 0.63–0.69 B4: 0.76–0.90
Spatial resolution	HRG HM: 2.5 m/5m Hi: 10m SWIR: 20m VI: 1000m HRS: 5 m/10m	PAN: 15m V-NIR: 30m Fir: 60m	Pan: 1m XS: 4m	Pan: 0.61m XS: 2.44m	RSI Pan: 2m XS: 8m
Temporal resolution	2.5 days	(16 days)	1–3 days (depends on latitude)	1–3.5 days	1 day
Radiance resolution	8 bit	Best 8 of 9 bits	8 bit/11 bit	11 bit	11 to 8 bit
Lifetime	2002.5–(2007.5)	1999.4–(2005.4)	1999.9–2006.9	2001.10–2006.1	2004.5–2009.5
Swath	60,80km (27°)	185km	11km	16.5km	24km
Altitude	832km	705km	681km	450km	891km
Revisit interval	26 days	16 days	14 days (max)	20 days (max)	1 day

Os dados do Airborne Synthetic Aperture Radar (AIRSAR) foram utilizados para o mapeamento da palmeira de óleo (Nordin, 2002). Este mapeamento de plantações foi efectuado utilizando a segmentação de imagens e, em seguida, algoritmos de classificação supervisionada seleccionados. A filtragem foi utilizada antes da segmentação da imagem e a análise de classificação dos dados foi realizada com quatro filtros com vários tamanhos de núcleos (5 x 5, 7 x 7, 9 x 9 e 11 x 11) para reduzir o ruído da imagem dentro de categorias homogéneas.

2.11 Deteção remota com árvores de borracha Aplicação

A classificação de imagens de deteção remota para obter informações sobre a utilização/ocupação do solo é uma boa forma e desempenha um papel significativo nos estudos sobre as alterações globais e nacionais na gestão dos recursos naturais e nas aplicações ambientais. Em todo o mundo, os mercados nacionais e globais estão a impulsionar a conversão da agricultura tradicional e das terras não agrícolas ocupadas em culturas de rendimento mais permanentes. Em muitos países do Sudeste Asiático, as plantações de borracha estão a expandir-se dramaticamente em áreas onde, historicamente, este tipo de cultura não existia (J. Fox et al., 2005). Ao longo das últimas décadas, muitos países como a Tailândia, a Corrente, Myanmar, o Vietname e o loas testemunharam a conversão de centenas de hectares de terra em plantações de seringueiras apenas em áreas não tradicionais de plantação de seringueiras (A. D. Ziegler et al., 2009; C. C. Mann, 2009). Foram efectuados vários estudos sobre a distribuição do crescimento das seringueiras no Sudeste Asiático, como em Yunnan, China (H. Li et al., 2007; H. Li, et al., 2008; H. Hu, et al., 2008), Indonésia (A. Ekandinata et al., 2004) e Laos (K. Hurni, 2008). A análise espacial das seringueiras tem-se limitado a análises de aptidão na Tailândia (por exemplo, E.Van Ranst et al.,1996). A limitação das amostras de treino para o mapeamento da ocupação do solo em grandes áreas é um dos problemas que limita a capacidade do classificador de generalizar os padrões localizados nas áreas amostradas. Há dois desafios significativos que os analistas sempre enfrentam quando realizam o mapeamento do crescimento da seringueira. Em primeiro lugar, a confusão que ocorre entre seringueiras maduras e vegetação tropical perene, devido à semelhança nas características de reflectância espetral. As áreas de seringueiras maduras são muitas vezes sobrestimadas pela classificação incorrecta de florestas como seringueiras. Em segundo lugar, os matos mistos e o solo nu, ou as culturas intercalares que ocorreram com culturas económicas como a mandioca e o ananás, são revelados em áreas jovens de seringueiras. A copa das seringueiras, mesmo depois de 3 a 4 anos, tem uma pequena fração da área total plantada na escala de cobertura do solo. Todas estas condições tornam o mapeamento das seringueiras muito difícil (Zhe Li et al.,2011). Atualmente, as técnicas de aprendizagem automática (Bishop, 2006), como as redes neuronais e as árvores de decisão (J. R. Quinlan, 1986), têm sido amplamente utilizadas na classificação de imagens de deteção remota, uma vez que demonstram muitas vantagens em relação a outros classificadores convencionais (D. L. Civco, 1993; Z. Li et al.,2010; C. D. Lippitt et al., 2008). Por outro lado, o tempo de computação essencial e o processo de treinamento heurístico desses classificadores tornam ineficiente o mapeamento do crescimento da seringueira em uma grande área. (Li et al., 2011) realizaram pesquisas e sugeriram que o uso de árvores de decisão e redes neurais com índices de vegetação e informações espectrais superestimava o número de pixels de seringueiras. Além disso, estes tipos de classificadores requerem um grande número de sítios de treino que contenham detalhes suficientes tanto de "presença" como de "ausência", o que significa que o analista deve recolher informações dos sítios de treino. Na realidade, é muito difícil adquirir amostras de treino suficientes na área de estudo para cobrir todos os padrões de fases da seringueira que aparecem numa análise. Dado este facto, um modelo baseado apenas em dados de presença parece cada vez mais promissor para o mapeamento da distribuição de espécies, especialmente quando o conhecimento sobre os tipos de cobertura do solo disponíveis é limitado. (Sangermano et al., 2007; Hernandez et al.,2008) realizaram experiências de utilização de um modelo apenas de dados de presença e de um classificador de distância de Mahalanobis para modelar a distribuição de espécies, tendo concluído que o classificador de Mahalanobis forneceu informações sobre a forma como as instâncias em análise são comparadas com as utilizadas como referência (F.

Sangermano et al.,2007). Atualmente, a seleção de imagens e dados de teledeteção para a cartografia do coberto vegetal à escala global ou nacional é considerada o equilíbrio entre determinadas resoluções temporais e espaciais, de modo a utilizar imagens de baixa resolução espacial mas com elevada resolução temporal, como as do Moderate Resolution Imaging Spectro-radiometer (MODIS) (por exemplo, J. Chang et al.,2007), ou utilizar imagens de baixa resolução temporal mas de alta resolução espacial, como as de um grupo de satélites Landsat, Enhanced Thematic Mapper (ETM+)/Thematic Mapper (TM), etc. (R. Katawatin et al.,1996; A. J. W. De Wit et al.,2004; M. A. Wulder et al.,2008; F. Rembold et al.,2004; F. Rembold et al., 2006; Li et al.,2011). Recentemente, foram utilizados dados ASTER para melhorar o mapeamento de seringueiras, integrando o classificador de distância de Mahalanobis com um modelo de rede neural. (Zhe Li et al.,2011) Realizou uma aplicação bem sucedida utilizando o classificador da distância de Mahalanobis para monitorizar e mapear seringueiras no Sudeste Asiático, utilizando a série temporal MODIS de NDVI com Mahalanobis tipicamente e alguns dados estatísticos.

Recentemente, a classificação de imagens tem vindo a ser muito utilizada para cartografar a distribuição da vegetação. Existem muitos tipos de imagens e dados de deteção remota que podem ser utilizados na investigação da ocupação/utilização do solo, dependendo do tipo de sensores que se enquadram no método aplicado para a investigação da ocupação e utilização do solo. Os dados de diferentes sensores podem ser utilizados com base na sua resolução. Existem quatro categorias de resolução: espacial, temporal, espetral e radiométrica (Matinfar et al., 2007). A fotografia aérea é um dos primeiros fornecedores de dados de deteção remota. A obtenção e interpretação de fotografias aéreas é uma técnica antiga, utilizada porque a tecnologia da época não foi melhorada durante mais de séculos. A maioria das decisões baseia-se em princípios ópticos e na forma como a energia reflectida da superfície terrestre interage com a luz. Jan Skalos et al, (2009) efectuaram um estudo para analisar as alterações estruturais a longo prazo em elementos de madeira não florestais, utilizando um sistema de classificação e fotografias aéreas, a fim de assegurar uma gestão paisagística relevante no futuro. O método foi utilizado em duas áreas de estudo diferentes: a primeira é Honbice (244 ha) e a outra é Krida (268 ha), localizadas na República Checa. Os dois estudos basearam-se em mapas cadastrais (de 1839 a 1843), fotografias aéreas a preto e branco (de 1938, 1950, 1966 e 1975 a 2006) e alguns dados de campo de 2006. No estudo de Honbice, a quantidade de madeira não florestal aumentou de (2,0 - 2,9%) e no estudo de Krida, o aumento da vegetação não florestal foi significativo (de 2,4 para 8,2%).

Jingxiong Zhang et al., (1997) efectuaram o mapeamento da ocupação do solo de uma área geográfica utilizando fotografias aéreas e utilizaram abordagens difusas para a delimitação de fronteiras e para a elaboração de mapas difusos da ocupação do solo obtidos por fotogrametria a partir de fotografias aéreas. Para cada abordagem, foram utilizados vários métodos de avaliação da exatidão dos mapas, incluindo a exatidão global da classificação, a entropia e a entropia cruzada. A abordagem mais útil para a obtenção de mapas difusos de ocupação do solo é a partir de dados de fotografias aéreas, especialmente quando a imprecisão é corretamente aconselhada nos dados de referência assumidos.

(Geir-Harald Strand et al., 2002) realizaram um estudo para examinar a experiência de campo quanto à exatidão dos mapas de ocupação do solo com base em fotografias aéreas. Um fotogrametrista que utilizou fotografias aéreas a cores verdadeiras para determinar os polígonos de ocupação do solo em duas regiões, não está a identificar as características da ocupação do solo. Foi pedido a dez especialistas em fotografias aéreas que identificassem os polígonos de ocupação do solo. Os peritos dividiram-se em duas grandes categorias: "trotadores de campo" e "fotogrametristas", de acordo com a sua formação profissional. Depois de terminada a etiquetagem dos polígonos na primeira área de estudo, os peritos passaram um dia no terreno para comparar os seus resultados com a verdade terrestre. Depois disso, os peritos efectuaram a etiquetagem dos polígonos na segunda área. Mas, infelizmente, os resultados não revelaram diferenças significativas entre as duas áreas de estudo.

As imagens de satélite são outra fonte de dados utilizada para monitorizar o uso/cobertura do solo, mas entre estas imagens existem diferenças em algumas escalas relacionadas com a resolução espetral, espacial, temporal e radiométrica dos satélites (sensores) que são utilizados para efetuar a cartografia do uso/cobertura do solo ou quaisquer outras aplicações (Khorram et al., 1987; Baker et al., 1991). Na tabela (2.3) foram demonstradas algumas características específicas dos satélites. Existem muitos e diferentes tipos de algoritmos de classificação que têm sido utilizados para descobrir e explorar a cobertura/utilização do solo e a distribuição da seringueira em todo o mundo.

2.11.1 Classificação de máxima verosimilhança

Este tipo de algoritmo tem sido amplamente utilizado para descobrir a cobertura/utilização do solo e tem em conta a reflectância espetral das características para efetuar a classificação. A máxima verosimilhança é um dos algoritmos de classificação por pixel. D.V.K. Nageswara Rao et al (2002), no seu estudo, integraram as técnicas de deteção remota e SIG para estimar a distribuição de seringueiras e o mapa do solo para desenvolver uma base de dados relacionada com o cultivo da borracha. A zona de estudo situava-se na Índia, no distrito de Kottayam do Estado de Kerala. Os dados utilizados foram o mapa topográfico de Kerala à escala 1:50000 e os dados LISS - III do IRS-1D, adquiridos em 28-02-2002. Utilizaram o software PCI Geomatica versão 9.0 para efetuar o processamento e análise dos dados. Recolheram Pontos de Controlo Terrestre (GCPs) para geocodificar a partir da folha topográfica à escala 1:50.000 e depois digitalizaram o mapa de Kerala para extrair os limites do distrito e o mapa do solo, utilizando esta camada digitalizada para recortar a imagem de satélite. A reamostragem das imagens de satélite é efectuada utilizando o algoritmo da vizinhança mais próxima. O algoritmo de classificação supervisionada utilizado para classificar a imagem foi o classificador de máxima verosimilhança. A área de estudo foi agrupada em nove classes e uma classe nula para agrupar os pixels não classificados: seringueiras com mais de 5 anos, cultivo de arroz, floresta, plantação de cocos, águas rasas e profundas. O mapa temático da classificação foi convertido para o formato vetorial através do software R2V (raster to vetor). Os resultados da classificação desta abordagem revelaram uma elevada precisão de classificação, que foi de 94,5% e a precisão global foi de 97%, a abordagem de classificação supervisionada indicou uma melhor fiabilidade com o valor do coeficiente kappa de 0,973. No entanto, as seringueiras com menos de 5 anos não foram consideradas neste estudo, o que levará à perda da obtenção de uma base de dados estatísticos e de mapas temáticos sobre estas áreas cobertas por seringueiras com idades inferiores a 5 anos, relacionadas com a floresta mista e com a semelhança das características espectrais da vegetação, o que constitui um problema a resolver.

Outra investigação realizada para monitorizar e mapear a distribuição de seringueiras para gerar uma base de dados que corresponda às necessidades do governo e dos pequenos agricultores. Instituto de Investigação da Borracha da Índia (RRII). Shankar Meti et al.,(2005) efectuaram o estudo da distribuição de diferentes idades da borracha e a área de estudo situava-se no sul da Índia, em duas áreas nos estados de Kerala e Tamil Nadu, em 2005, e os dados digitais foram obtidos pelo sensor LISS III do IRS P6 em 13.02.2005, os dados auxiliares envolvidos neste estudo foram descarregados do DEM obtido da missão de topografia de radar de vaivém (SRTM) com resolução espacial de 91,7m recortada para satisfazer a área de estudo. As imagens foram georreferenciadas para a folha topográfica do Survey of India à escala 1:50.000 e, em seguida, utilizando o mapa de limites do distrito à escala 1:250.000, as imagens foram recortadas. O método do algoritmo de classificação utilizado neste estudo foi o classificador de máxima verosimilhança para gerar um mapa temático da distribuição da borracha. A classificação foi efectuada com um número limitado de amostras de verdade terrestre que foram recolhidas no trabalho de campo utilizando um GPS portátil (Garmin). O DEM foi utilizado para gerar a inclinação do mapa que tem oito classes de distribuição de seringueiras sugeridas (NBSS & LUP, 1999). O software utilizado foi o Geomatica (versão 10.1) para o processamento, a classificação, a extração de declives e a vectorização. A sobreposição de camadas raster foi efectuada utilizando o ILWIS (versão 3.4). O resultado revelou que as seringueiras jovens, com menos de 4 anos, são difíceis de classificar devido ao encerramento parcial da copa. A precisão geral da máxima verossimilhança foi de (97%) e o coeficiente Kappa foi de (0,95). A área coberta com seringueiras com mais de 4 anos era de 66 106 hectares, e a distribuição da borracha era de 30% no centro do distrito, Meenachil taulk tinha 44,7%, enquanto em Kanjirapally taluk cerca de 23,6, a área coberta por Kottayam taluk era de cerca de 17,4% e em Chengassery taluk e Vaikom taluk era de 10,4% e 3,9%, respetivamente. Os resultados deste estudo revelaram um elevado nível de exatidão para a seringueira com mais de 4 anos nestes distritos. No entanto, a distribuição da seringueira no distrito de Kottayam não foi considerada e não foi contabilizada porque a idade da seringueira é inferior a 4 anos, o que está relacionado com a semelhança das características espectrais das características da vegetação localizadas na zona circundante da seringueira e também com o pixel misto.

Hongmei Li et al (2008), no seu estudo, recolheram dados ao longo de um período de 27 anos a partir de imagens de satélite e dados estatísticos de inventário para estimar as alterações ocorridas nas reservas de carbono da biomassa. A área de estudo situava-se na China, numa área de cerca de (1,9 milhões de hectares) em Xishuangbanna, localizada a longitude e latitude entre (21° 80' 80"- 22° 83' 60" N, 99° 85' 60"-101° 85' 00 "E), na província de Yunnan, sudoeste da China, cobrindo 19150 km^2 , esta área é constituída por três condados, a saber Jinghong, Menghai e Mengla, no sudoeste da China, na parte superior do rio Mekong. A área de estudo estava coberta por floresta tropical, floresta húmida e floresta sempre verde. O seu estudo incidiu sobre a ajuda à expansão da cultura da seringueira para diminuir as taxas de desflorestação e as emissões de carbono para a atmosfera na área de estudo e os investigadores utilizaram as imagens classificadas através do classificador de máxima verosimilhança para efetuar a classificação da utilização do solo e, em seguida, estimaram as alterações ao longo do período de estudo (1976 - 2003). Os dados utilizados neste estudo foram imagens capturadas do Landsat (MSS) em 25.04.1975, a segunda imagem capturada em 24.02.1976 do Landsat (TM) e a terceira e quarta imagens capturadas em 02.02.1988 e em 07.03.2003 do Landsat (ETM), respetivamente, utilizando depois uma carta topográfica com escala 1:50.000 e informação topográfica digital para gerar o modelo digital de elevação (DEM) com intervalo de contagem de 100 m. O RMS das imagens de registo foi de 0,5 e inferior a um. Foram utilizadas todas as bandas do MSS e as bandas não térmicas do TM e ETM. A identificação dos locais de treino para cada classe foi feita para 2003 através de observações de campo recolhidas em 2004, mas para o Landsat TM e o MSS os locais de treino foram gerados através da utilização de mapas topográficos relativos a 1988, 1991 e 1993, respetivamente, após o que os resultados da classificação foram comparados com o local de verdade terrestre para obter a precisão global na fase de avaliação e a precisão de cada classificação foi de 77,3%, 86,4%, e 87,9% ao longo dos anos 1976, 1988 e 2003 imagem, respetivamente. O estudo mostra que a utilização dos dados auxiliares do inventário florestal aumentará a capacidade de obter resultados precisos para estimar a desflorestação e as emissões de carbono na zona tropical. Os resultados do estudo atingirão uma maior precisão se as imagens de satélite forem captadas na estação seca, porque a seringueira tem características espectrais semelhantes às da floresta tropical perene, o que torna confusa a diferenciação entre as diferentes espécies de árvores florestais e a seringueira, e as seringueiras são conhecidas como árvores de folha caduca e as suas folhas caem na estação seca, entre fevereiro e abril, o que torna a diferenciação mais fácil de efetuar, e a reflectância espetral será diferente. Outra razão pela qual a escassez de dados de desflorestação reduz a capacidade de obter o mais alto nível de precisão.

2.11.2 Classificação do mapeador angular espetral (SAM)

Outra técnica de classificação foi conduzida para explorar o volume da plantação de madeira de seringueira a partir da utilização de dados de deteção remota hiperespectral que têm os dados espaciais e espectrais elevados que foram obtidos utilizando o sensor aéreo AISA da UPM_APSB, conhecido como sensor hiperespectral comercial. O sensor aéreo híper-espetral voava a uma altitude de cerca de 1000 m acima da zona de estudo, quando as imagens eram captadas com uma resolução espacial de 1 m e a velocidade de voo era de 120 nós ou 60 ms. A área de estudo situava-se em Lebuh Silikon, University Putra Malaysia (UPM), que se localiza em Serdang, estado de Selangor, Malásia, e a área de estudo era de 1 214 hectares. A correção radiométrica foi efectuada utilizando a reflectância relativa média interna e a imagem foi georreferenciada para a projeção RSO para a Malásia peninsular utilizando o software ENVI para aumentar a qualidade das imagens e reduzir os efeitos indesejáveis. O filtro de deteção de bordos Sobel foi utilizado na etapa seguinte para revelar os melhores efeitos nas imagens e descobrir os bordos das seringueiras. A partir do trabalho de campo e da análise da imagem, obteve-se o conhecimento sobre a reflectância espetral relacionada com o indivíduo da madeira de seringueira em pé e, em seguida, encontrou-se a reflectância espetral para alguns locais aleatórios nas imagens para examinar a curva de reflectância espetral, que era a mesma. Os investigadores verificaram que as correlações entre as diferentes copas das seringueiras e os diâmetros eram elevadas com a ajuda de dados auxiliares e, em seguida, utilizaram um método de classificação supervisionado, denominado Spectral Angler Mapper (SAM), para separar os membros finais das copas das seringueiras e aplicando os conhecimentos de correspondência espetral derivados da utilização da biblioteca espetral para ajudar na classificação das imagens e estimar o volume de madeira de seringueira na área de estudo. A técnica de peneiração foi utilizada na fase de pós-classificação para remover os pixéis classificados isolados após a execução do classificador SAM. A exatidão foi determinada utilizando a fórmula:

% de exatidão = 100% - % de erro (----------------------------2.1)

O estudo revelou que o volume individual de madeira de seringueira das seringueiras amadurecidas pode ser previsto com precisão e com uma boa exatidão utilizando esta abordagem de classificação e que a exatidão global da cartografia da madeira de seringueira foi de 89,84% na área de estudo. O estudo revelou a capacidade de utilização de um sensor hiperespectral aerotransportado, como o ASIA da UPM_APSB, para o mapeamento e a estimativa de seringueiras individuais e do volume de madeira de seringueira com uma precisão aceitável (Kamaruzaman Jusoff et al., 2009).As investigações que utilizam a biblioteca espetral variam entre (800 - 100) para efetuar estimativas sobre a plantação. A utilização de valores espectrais da biblioteca espetral de diferentes características entre a gama de (400 2500) ajudará a aumentar a precisão desta classificação, porque, mesmo conhecendo a reflectância espetral da borracha a partir da biblioteca espetral e do trabalho de campo, ainda existe uma diferença subtil que não é medida entre as espécies de vegetação na grande área de estudo.A imagem é coberta com cores diferentes (vermelho, verde, amarelo ou cor falsa) devido a reflectâncias diferentes e todas estas reflectâncias não são constantes, a plantação reflecte reflectâncias espectrais diferentes relacionadas com o seu estado, se está saudável, se tem doenças ou porque as suas folhas estão stressadas devido à falta de água ou ao aumento da temperatura ou a outros factores.

Trop AIR (2009) apresentou outro estudo sobre o uso e a cobertura do solo para determinar as características distribuídas na área de estudo, especialmente as seringueiras em diferentes idades. O principal objetivo desta investigação é classificar, quantificar e identificar o uso e a ocupação do solo. A área de estudo situava-se em Setiu, Terengganu, na Malásia, e a área total era de 130.436,3 hectares. Utilizando outra tecnologia de deteção remota através de dados hiperespectrais aerotransportados obtidos da UPM APSB'ASIA e a imagem hiperespectral foi captada em 20.04.2006, foram envolvidos neste estudo dados auxiliares através da utilização de mapas de uso e ocupação do solo. Foram recolhidos 30 pontos do trabalho de campo como amostras de verdade terrestre e alguns parâmetros registados também no trabalho de campo para avaliar a precisão da classificação. O software utilizado para efetuar a análise e o processamento foi o ENVI versão 4.0. Foram envolvidas 20 bandas na análise dos dados, sendo as bandas 20, 22 e 17 (RGB) respetivamente para gerar a imagem de combinação de cores falsas (FCC) que revelou a melhor visualização para identificação das características em relação às outras bandas. O realce da imagem foi efectuado antes da classificação da imagem, a área de estudo foi classificada em oito classes: (seringueiras maduras com 15 -17 anos, jovens, seringueiras com 3-4 anos, palmeira de óleo velha com 2 - 3 anos, palmeira de óleo com 4-5 anos, culturas vegetais, estrada, rio e área aberta). O algoritmo de classificação supervisionada foi utilizado para classificar a área de estudo, tendo sido empregue o classificador Spectral Angular Mapper para a classificação. A exatidão da classificação foi de (89,51) e o valor do coeficiente kappa é de (0,86). O estudo revelou a capacidade dos dados de deteção remota hiperespectral para a identificação, quantificação, classificação e cartografia da utilização e ocupação do solo. No entanto, com o aumento do número de amostras de terra-verdade para seringueiras e palmeiras de óleo irá aumentar a precisão da classificação, porque ambos têm alguma semelhança na assinatura espetral, e ao aumentar o número de amostras de referência irá apoiar a interpretação da visualização e, em seguida, dar uma melhor identificação das características que cobrem a área de estudo.

2.11.3 Árvore de decisão (DT)

H.Z.M shafri et al., (2009) que realizaram um classificador DT e o índice de vegetação NDVI com recurso a imagens Spot e a área de estudo foi localizada nas ilhas Langkawi, Malásia, para classificar a cobertura do solo. Nesta classificação, as regras que foram utilizadas para classificar a área de estudo foram o NDVI e a utilização da banda 4 (SWIR), foram utilizadas como variáveis de entrada no classificador da Árvore de Decisão e, nesta classificação, as classes foram (Mangue, Borracha, Água, Área não vegetada, Floresta L e Floresta D), o resultado desta classificação foi de 69%. Em seguida, foi utilizado outro classificador para gerar o mapa temático que foi o Support Vetor Machine (SVM) e foram utilizados vários núcleos para realizar esta classificação (Sigmoide, função de base radial, polinomial e linear), o resultado do classificador SVM foi melhor que o resultado do DT e a avaliação da precisão para esta classificação foi de 73%. No entanto, a utilização das elevações como parâmetros nas regras da DT e o aumento do número de lados de treino permitirá ultrapassar o erro de classificação ou a sobrestimação que ocorreu entre as seringueiras e as áreas de mangal.

Yafei Li et al., (2011) estudaram ao longo do período de tempo (2000 - 2007) a deteção de alterações na vegetação e a área de estudo foi localizada no centro de Xishuangbanna na China, a área de estudo foi de 19.125 km^2 . A área tropical foi alargada após a plantação de seringueiras e o cultivo de outras espécies de vegetação tropical, o que levou à fragmentação destas espécies. A investigação foi efectuada utilizando imagens de deteção remota obtidas a partir de dois tipos de sensores Landsat ETM e SPOT HRG e PAN. A imagem Landsat ETM foi adquirida em 14-03-2000; a imagem SPOT foi capturada em março de 2007, ambas as imagens foram obtidas no mesmo mês para garantir que têm as mesmas condições de crescimento da vegetação para fazer a comparação para extrair as mudanças na vegetação, em seguida, ambas as correcções de geo-referenciação e a correção radiométrica realizada. A precisão de registo da imagem SPOT HRG foi de 0,51 pixel e a da imagem Landsat ETM foi de 0,62 pixel, sendo ambas inferiores a 1 pixel e satisfazendo os requisitos para a monitorização das alterações da vegetação. As amostras de referência de campo foram recolhidas com base em conhecimentos prévios e também em informações de reflectância espetral, tendo sido recolhidas 63 amostras de referência que abrangem seis classes de tipos de área de estudo: (seringueiras, vegetação primária, vegetação artificial, área nua e massas de água). Foi calculado o NDVI para as bandas ETM e SPOT. Os investigadores utilizaram o infravermelho de ondas curtas (bandas 4 e 5) como um dos seus parâmetros na condução da abordagem da árvore de decisão, uma vez que as características da vegetação na área de estudo são semelhantes em termos de características de reflectância espetral. Os investigadores realizaram dois aspectos para este estudo, o primeiro é a conversão do tipo de vegetação e o segundo é a alteração da vegetação. A classificação das imagens foi efectuada para gerar mapas para diferentes períodos de tempo. A exatidão da classificação da imagem classificada deve ser elevada para permitir a deteção de alterações na vegetação, pelo que foram geradas aleatoriamente 100 amostras de ambas as imagens classificadas para testar a exatidão e determinar a exatidão global. Os resultados demonstraram que a exatidão global das imagens ETM e SPOT era de 92,3% e 93%, respetivamente, o que satisfaz a deteção de espécies vegetais. Em seguida, foi efectuada a fusão entre a imagem ETM (bandas 1-5 e banda 7) e a imagem SPOT PAN para extrair mais informações sobre as alterações da vegetação, como o ganho ou a perda de vegetação. Os resultados demonstram que uma grande área de Xishuangbanna foi transformada em plantação de seringueiras e que as conversões da vegetação são frequentes entre os tipos de vegetação localizados na área de estudo, tendo-se registado um aumento da área de seringueiras e de solo nu. O apoio à classificação da árvore de decisão com outro índice de vegetação, como o Índice de Vegetação das Diferenças Normalizadas Modificadas (MNDVI), ou a utilização de dados auxiliares sobre o inventário florestal, o mapa de utilização/ocupação do solo ou o modelo digital de elevação (DEM) ajudará a extrair mais informações sobre a vegetação e a melhorar a precisão da classificação.

2.11.4 Classificação da distância de Mahalanobis

Outra investigação teve como objetivo estimar e cartografar a distribuição das seringueiras, a fim de compreender as alterações do uso e da ocupação do solo no carbono em 2010. Neste estudo, os investigadores aplicaram o método das tipicidades de Mahlanobis (MD) para efetuar uma classificação rígida, a fim de melhorar a localização com a longitude e a latitude e a capacidade de generalização, integrando esta abordagem com outra técnica designada por rede neural (MLP) para descobrir a distribuição da borracha. Os dados utilizados foram captados pelo Advanced Spaceborne Thermal Emission and Reflection Radiometer (ASTER) e são uma combinação de nove bandas que incluem o visível, o infravermelho próximo com uma resolução espacial de 15 m e o infravermelho de ondas curtas com uma resolução espacial de 30 m (VNIR e SWIR). Os investigadores escolheram as imagens (ASTER) para ambas as áreas de estudo na estação seca para examinar a reflectância espetral da fenologia da vegetação na estação seca. As imagens foram captadas em 24-04-2005 para a Thai Lao e para a Sino Lao as imagens foram adquiridas em 08-02-2005. Os sítios de treino foram gerados utilizando os produtos Landsat GeoCover da NASA e utilizando o sistema de posicionamento global (GPS) para amostras de referência (amostras de verdade no terreno) no trabalho de campo e as imagens IKONOS de alta resolução do Google Earth para identificar as seringueiras. Os investigadores recolheram locais de treino em duas das áreas de estudo e a percentagem de amostras de seringueiras foi de cerca de 0,214% do número total de pixéis da imagem, tendo depois sido gerados locais de teste para avaliar a precisão da classificação. Os investigadores dividiram a área de estudo em seis classes (borracha, eucalipto, água, arroz, nua e floresta), mas as classes totais foram 10 classes geradas a partir da combinação entre as bandas VNIR e SWIR, utilizando um índice de vegetação, o Normalized Difference Vegetation Index (NDVI), como variável de entrada no algoritmo de classificação. Ao realizar o classificador de tipicidades de Mahalanobis, foram obtidas seis imagens, cada uma das quais representa cada uma das classes acima referidas. Em seguida, os investigadores utilizaram estas imagens e o resultado do NDVI como variáveis de entrada numa outra fase com o MLP. Os resultados do classificador de tipicidades de Mahalanobis demonstraram um bom resultado e isso observa-se claramente a partir do resultado da validação que foi efectuada para todas as classes. A validação foi feita utilizando a matriz de fusão e foi a seguinte na área de estudo de Sino-Laos: exatidão total, coeficiente Kappa global, exatidão do utilizador para a borracha, exatidão do produtor para a borracha e coeficiente Kappa para a borracha iguais a : 0,980, 0,962, 0,984, 0,990 e 0,981, respetivamente, e para o Laos tailandês a validação foi: Exatidão total, coeficiente Kappa global, exatidão do utilizador para a borracha, exatidão do produtor para a borracha e coeficiente Kappa para a borracha iguais a: 0.680, 0.030, 0.014, 0.656, 0.619, 0.163, 0.400. A utilização do classificador de tipicidades de Mahalanobis como uma das variáveis de entrada no MLP aumentará a precisão do mapeamento das árvores de borracha, especialmente a precisão do utilizador (Zhe Li et al., 2010). No entanto, o resultado desta nova técnica que utiliza o NDVI, o MD e o MLP é elevado para Sino Lao, mas, por outro lado, o resultado relativo a outra área de estudo de Thai Lao não é satisfatório, simplesmente porque a falta de utilização de dados de inventário, por exemplo (mapa topográfico, dados auxiliares de utilização e ocupação do solo, inventário florestal e províncias estatísticas), ajudará a melhorar a classificação da distribuição da borracha e melhorará a precisão do utilizador em cada classe.

Zhe Li et al (2011) efectuaram um estudo sobre a estimativa e o mapeamento do crescimento da seringueira em diferentes idades, tendo a área de estudo sido localizada no Sudeste Asiático continental. Porque o crescimento da seringueira está a expandir-se rapidamente em áreas onde a cultura não era historicamente encontrada. Os autores criaram um mapa da distribuição do crescimento da seringueira utilizando imagens de deteção remota obtidas a partir de dados Landsat 5

TM, sem utilizar as bandas térmicas, com uma resolução espacial de 30 m para dezanove províncias da região envolvida neste estudo, localizada no nordeste da Tailândia, e as imagens de satélite foram recolhidas em diferentes períodos de tempo, devido à cobertura de nuvens sobre a área de estudo entre 2004 e 2009. As amostras da verdade terrestre foram recolhidas a partir do trabalho de campo, utilizando o Sistema de Posicionamento Global (GPS) para identificar a área das seringueiras em janeiro e março de 2009 e utilizando as imagens de satélite QuickBird / IKONOS do Google Earth. Geração dos locais de treinamento usando os produtos Landsat GeoCover da NASA (http://www.geocover.com/gc_lc/data_products/) para identificar os tipos de uso e cobertura da terra. A correção atmosférica e geo-métrica foi feita para o Landsat TM e a vizinhança mais próxima foi utilizada para realizar a reamostragem, depois o registo de todas as imagens foi feito para a zona 48N do sistema UTM, após o que foi realizado o mascaramento para remover as nuvens e as sombras das imagens. Os índices de vegetação, como o Normalized difference vegetation index (NDVI), foram utilizados para determinar a atividade fotossintética que reflecte a sensibilidade estrutural, química e química da copa das árvores, e o capuz com borlas como modelo de entrada de métricas. Também para lhes dar uma boa diferenciação sobre quais bandas são mais úteis do que outras na diferenciação das seringueiras em diferentes idades. O NDVI utilizou a banda 4 e a banda 5 para fazer a diferenciação e encontrar os padrões da seringueira e outras características na área de estudo. Com a utilização do método da distância de Mahalanobis para gerar mapas de crescimento de seringueiras em diferentes idades, a classificação da área foi feita em seis categorias (borracha, floresta, solo nu, corpos de água, arroz e outros). Fizeram a validação para dezasseis províncias e foi realizada utilizando alguns dados estatísticos auxiliares de seringueiras à escala provincial. O resultado com a idade madura e média é satisfatório e o resultado estimado e os dados estatísticos estão correlacionados de forma igual a (0,7766, 0,7911), respetivamente, o que significa que a estimativa das seringueiras a partir da imagem de satélite é satisfatória para a idade madura e média das seringueiras, mas com a seringueira jovem não é tão boa e revela uma correlação não boa entre os dados estimados e os dados estatísticos na área de estudo, correlacionados de forma igual a (0,034).034). Estes resultados à escala regional parecem ser satisfatórios para as idades madura e média numa área pequena como a área de estudo, mas numa área grande é difícil obter um bom resultado, especialmente com as seringueiras jovens, simplesmente porque é difícil diferenciar a reflectância espetral da área coberta por seringueiras jovens e os pixels mistos que reflectem as seringueiras jovens e o solo nu. A coleta de locais de treinamento aumentará as dificuldades, especialmente em regiões de difícil acesso, o que leva à falta de locais de treinamento que podem ser aplicados na execução do classificador. Por outro lado, a resolução espacial (30 m) e a resolução espetral (7 bandas) do landsat 5 TM, fazem com que as imagens de satélite que foram utilizadas para realizar o objetivo da investigação não tenham sido suficientes para dar resultados mais exactos e precisos numa grande área. Em grandes áreas é necessário efetuar a classificação com outros tipos de satélites que tenham maior resolução espacial e espetral para poder identificar as diferentes características e espécies de vegetação que se encontram na área de estudo. Estas razões limitarão a classificação para criar os padrões correctos que representam cada caraterística na área de estudo e, no final, o resultado mostrará regiões de classificação incorrecta e sobreavaliação de outras.

Zhe Li et al (2012) estudaram a monitorização da distribuição do crescimento das seringueiras porque a borracha tem influência nos fluxos locais de energia, água e carbono. A obtenção de dados precisos e actualizados é uma das questões críticas que os investigadores enfrentam na distribuição da borracha. O estudo foi efectuado no Sudeste Asiático continental, numa grande área (2 000 000) de hectares, localizada em seis países. Os investigadores realizaram este estudo para examinar a capacidade de um classificador de tipicidade de Mahalanobis para classificar os pixels mistos e descobrir o resultado da combinação dos dados das imagens MODIS (Moderate Resolution Imaging Spectroradiometer). A área de interesse foi coberta com mosaicos MODIS (h27v06, h27v07, h28v06 e h28v07), com dados estatísticos relacionados com a distribuição das seringueiras, estes dados foram recolhidos entre o período de (2007 - 2009). Os dados utilizados foram séries temporais MODIS Terra 16-day /250m composite com os produtos Índice de Vegetação por Diferença Normalizada (NDVI) (MOD13Q1). A data de aquisição dos dados foi entre março de 2009 e maio de 2010, durante o período de tempo de cerca de 15 meses, gerando então 29 imagens NDVI ao longo das estações seca (janeiro a julho) e húmida (agosto a dezembro), respetivamente. Os valores de NDVI revelaram a tendência consistente para as seringueiras maduras e jovens, mas a borracha madura indicou valores de NDVI mais elevados do que a borracha jovem, simplesmente porque a densidade de distribuição da borracha madura é muito elevada. A área de estudo foi dividida em 12 classes e a formação foi gerada utilizando os dados recentes de cobertura/utilização do solo baseados nos dados de cobertura/utilização do solo do Glob Cover. A identificação dos locais de teste (amostras de verdade no terreno) para a borracha foi feita com recurso ao Global Position System (GPS) recolhido na parte do trabalho de campo de janeiro a março de 2009 e também através da interpretação de imagens de alta resolução IKONOS/Quick Bird do Google Earth. A classificação da área de estudo foi feita utilizando a classificação suave e o método de tipicidade de Mahalanobis foi empregue para realizar esta classificação, devido à sua capacidade de classificar a área que tem pixels mistos. As 29 imagens obtidas a partir do MODIS NDVI foram utilizadas como variáveis de entrada na tipicidade de Mahalanobis e o resultado deste método foi um mapa temático para cada classe, não como qualquer tipo de classificação rígida, pelo que foram gerados 12 mapas a partir desta técnica. Os investigadores estudaram apenas a distribuição das seringueiras e fundiram as 12 classes em duas classes de seringueiras, a primeira para a borracha madura com mais de 4 anos e a segunda classe para a borracha jovem com menos de 4 anos e fundiram todas as outras classes numa única classe, o que significa que tinham três classes. Os resultados desta pesquisa constataram que a área coberta com seringueiras maduras é de cerca de 1.569.481 hectares, o que equivale a 73,89% de toda a área de seringueiras, e a área coberta com seringueiras jovens é de cerca de 554.606 hectares, ocupando cerca de 26,11% da área total de seringueiras. A validação da exatidão da classificação e da viabilidade do classificador de Mahalanobis neste estudo foi realizada utilizando a estatística Relative Operating Characteristic (ROC), que foi boa para imagens suaves, e também utilizando a matriz de erros. O ROC, que tem valores elevados superiores a 0,8, pode ser obtido com este tipo de classificador tanto para a seringueira madura como para a jovem. Utilizando o classificador de Mahalanobis neste estudo, os erros de comissão para o crescimento de duas classes foram de 1,87% e os outros 2,8%, respetivamente, e as precisões de utilização foram de 98,1% e 97,2%, respetivamente, com um coeficiente kappa global de (0,76). A limitação da recolha de amostras de solo com recurso ao GPS limita a capacidade de discriminar as diferentes idades das seringueiras a partir das imagens MODIS, uma vez que a resolução espacial das imagens MODIS é igual a 250 m e a precisão do GPS é de cerca de (5 - 10) m para a recolha nos locais de teste, ou seja, as amostras recolhidas não representarão com exatidão os mesmos locais nas imagens e darão resultados imprecisos sobre as seringueiras com menos de 4 anos, o que, devido à semelhança na reflectância multiespectral entre a seringueira e as características circundantes, torna as classes de seringueiras em apenas duas classes.

2.12 Resumo

Estimar e cartografar a distribuição das seringueiras com base na idade é uma tarefa muito difícil e enfrenta muitas dificuldades. As medições dos inquéritos são um desperdício de tempo e de dinheiro. Foram utilizadas técnicas e sensores para mapear o crescimento das seringueiras e também foram utilizados diferentes tipos de algoritmos de classificação para extrair o mapa temático do crescimento da seringueira, tais como Máxima verossimilhança, Máquina de Vetores de Suporte, Mapeador Angular Espectral e Distância Mínima. Mas cada algoritmo dá uma precisão diferente, por exemplo, a utilização da máxima verosimilhança com a ajuda de dados auxiliares, a recolha de dados durante o outono e a obtenção de dados sobre a área de estudo de diferentes períodos de tempo aumentará a precisão deste algoritmo (Hongme et al, 2008). O algoritmo DT necessita de muitos parâmetros e dados diferentes para ser mais específico na extração das características de interesse. No entanto, a utilização do algoritmo de Mahalanobis dá um bom resultado e pode ultrapassar a mistura de espectros e mostra uma boa capacidade para extrair o mapa temático da distribuição do crescimento da borracha (Zhe et al, 2012). O mapeador angular espetral tem uma boa capacidade se for apoiado por medições de campo da reflectância espetral das características que cobrem a área de estudo.

CAPÍTULO 3

Metodologia de investigação

3.1 Introdução

Esta secção está dividida em várias partes principais. A primeira parte é a preparação da imagem, a segunda é a descoberta dos valores DNs em todas as bandas para a maioria das características que se distribuem na área de estudo, depois são gerados índices de vegetação para as imagens Spot 5, a terceira é a classificação das imagens por classificação não supervisionada, supervisionada e orientada para objectos para extrair o mapa temático de uso e ocupação do solo e para descobrir a distribuição das seringueiras na área de estudo, e a quarta repete estes passos com a área das seringueiras na área de estudo para gerar o mapa temático da idade das seringueiras, finalmente é a avaliação da precisão dos resultados finais da classificação das imagens. Para classificar a imagem, foram utilizados os classificadores padrão de máxima verossimilhança, distância mínima, canal paralelo, árvore de decisão, SVM, SAM e K-NN. A maior parte dos processos foram efectuados com o software Envi e ArcGIS. O fluxo de trabalho deste estudo é apresentado na Figura (3.5) e segue-se uma descrição pormenorizada.

3.2 Área de estudo

O estudo foi efectuado em HULU SELANGOR, que se situa no Estado de Selangor, na parte nordeste de Selangor, a coordenada do canto inferior esquerdo é 101°20'57.152 "e E 3°20'31.90 "N e a do canto superior direito é 101°42'41.A área deste estudo foi (30x30 km), o que equivale a meia cena da imagem de satélite Spot 5. Existem muitas cidades pequenas dentro da área de estudo, como Batang Kali, Kuala Kubu Bharu e Ulu Bernam. A maior parte da área de estudo está coberta por diferentes espécies de vegetação. Hulu Selangor é um local importante para o cultivo e crescimento de diferentes espécies de plantações, como florestas, borracha, banana, palmeira de óleo, papaias e bananas. A principal cidade do distrito é Kuala Kubu Bharu. Outras cidades do distrito incluem Batang Kali e Ulu Bernam. O rio Selangor atravessa esta zona. Selangor tem uma história que remonta ao século XVI, quando foram descobertos ricos depósitos de estanho nesta região. A riqueza natural da região, juntamente com o facto de estar relativamente livre da presença dos holandeses, atraiu mineiros, imigrantes e colonizadores. A emigração dos Bugis desta grande cidade portuária seguiu-se à constante invasão dos holandeses no território anteriormente dominado pelos comerciantes portugueses, aos quais os Bugis se tinham aliado. Reconhecidos pelas suas capacidades como comerciantes marítimos e guerreiros, os Bugis rapidamente se tornaram proeminentes em Selangor. Por volta de 1700, dominavam o Estado, tanto política como economicamente, e tinham estabelecido o atual Sultanato de Selangor.

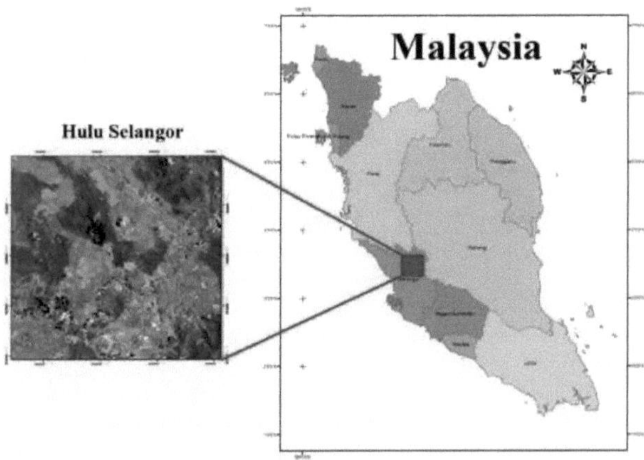

(Figura 3.1). Área de estudo em Hulu Selangor

No século XVIII, Selangor alargou a sua influência, tornando-se um grande Estado com poder político. Com o aumento da presença colonial ocidental no século seguinte, as lutas internas entre os Bugis, a nobreza chinesa e a nobreza malaia obrigaram Selangor a aceitar a presença de um residente britânico em 1874. Não é de surpreender que esta posição na administração do próspero estado se tenha revelado bastante obstinada. Em 1896, os britânicos incluíram Selangor nos Estados Federados da Malásia, mais ou menos na mesma altura em que se iniciou o cultivo da borracha na Malásia. Em 1948, o estado aderiu à Federação da Malásia. Em 1957, a Federação tornou-se um Estado independente no seio da Commonwealth of Nations. Em 1974, a capital do país, Kuala Lumpur, e algumas das áreas circundantes foram cedidas ao Governo Federal para o estabelecimento de Wilayah Persekutuan, um Território Federal. Atualmente, Selangor é o estado mais rico e mais desenvolvido da Malásia. É a sede do maior porto do país, Port Klang, e de muitas das maiores operações industriais do país, que se encontram sobretudo no vale de Klang. A sua economia altamente diversificada abrange a agricultura, a indústria, o comércio e o turismo. Embora a indústria esteja a expandir-se rapidamente, os principais pilares da economia do Estado continuam a ser a borracha, o óleo de palma e a extração de estanho. O porto de Klang, que já é o maior porto do país, está a registar um desenvolvimento vigoroso. O turismo está também a começar a ter um impacto importante na economia. Selangor circunda completamente o Território Federal de Wilayah Persekutuan e existem muitos laços económicos e sociais estreitos entre eles. Este capítulo apresenta uma panorâmica das características físicas e socioeconómicas de Hulu Selangor.

3.2.1 Localização

Hulu Selangor é um dos distritos que se situa na parte noroeste do estado de Selangor, na Malásia. Faz fronteira com o estado de Perak a norte, com Pahang a leste, com o distrito de Sabak Bernam a noroeste, com o distrito de Kuala Selangor a sudoeste e com o distrito de Gombak a sul. Localizado no nordeste do estado de Selangor e coberto por 8.000 quilómetros quadrados, Hulu Selangor é limitado a norte por Perak, a leste por Pahang e

Negeri Sembilan e a oeste pelo Estreito de Malaca. A principal cidade do distrito é Kuala Kubu Bharu. Outras cidades do distrito incluem Batang Kali e Ulu Bernam. O rio Selangor atravessa esta área. A figura (3.1) mostra a localização da área de estudo.

3.2.2 População e demografia

A cultura tradicional da população de Hulu Selangor está relacionada com a sua religião, sendo a maioria muçulmana. A ascendência javanesa era dominante nos distritos da costa ocidental de Selangor, como Sabak Bernam, Kuala Selangor, Klang, Kuala Langat e Sepang. A população de Selangor também tem influências étnicas chinesas e indianas; estes dois grupos têm as maiores populações minoritárias. Com o seu desenvolvimento, Selangor tem mais laços internacionais através do comércio, dos negócios e da educação do que outros estados do oeste da Malásia, mais rurais. A população de Hulu selangor é de cerca de 205 049 habitantes, segundo a População de 2010.

3.2.3 Clima:

O clima de Selangor é descrito como sendo quente, com dias de sol e noites frescas durante todo o ano e, por vezes, com chuva ocasional ao fim do dia. Os intervalos de temperatura são redundantes entre (23°C - 33°C). A humidade atinge geralmente 80% ou, por vezes, ultrapassa este valor.

3.2.4 Temperatura:

A temperatura em Hulu Selangor é bastante boa e atinge o nível mais elevado na estação seca, mas durante todo o ano é de 33°C, o que equivale a 91°F. À noite, a temperatura média desce até cerca de 25°C, o que equivale a 76°F. No último mês (agosto), a temperatura mais alta registada é de 35°C, ou seja, cerca de 95°F, e a temperatura mais baixa é de 22°C, ou seja, cerca de 72°F. A figura (3.2) abaixo mostra a temperatura média mensal alta e baixa durante todo o ano. Também mostra os registos de temperatura mais alta e mais baixa.

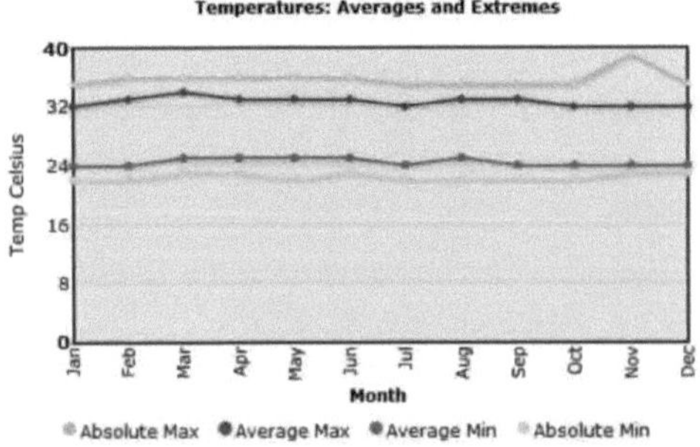

(Figura 3.2). Temperatura mensal em Hulu Selangor (fonte: Previsão meteorológica, 2012)

3.2.5 Estimativa de horas de sol por dia

A média esperada do brilho do sol para Hulu selangor é de cerca de 7 horas por dia. Isso ilustra o número de horas durante o dia em que o sol é visível e não está obscurecido por nuvens, ou seja, o número médio de horas em que o sol está realmente fora e brilhando. Nota: os investigadores em Hulu Selangor calculam as horas de sol por dia utilizando os nossos dados de previsão anteriores e não os dados de observação, pelo que se trata de uma estimativa e não de um valor real.

3.2.6 Vento

A velocidade diária do vento em agosto foi de cerca de 4 mph. A velocidade máxima do vento é de cerca de 18 mph. A figura (3.3) abaixo mostra as taxas diárias de velocidade do vento em Hulu Selangor, demonstrando também os registos mais elevados de velocidade do vento durante todo o ano.

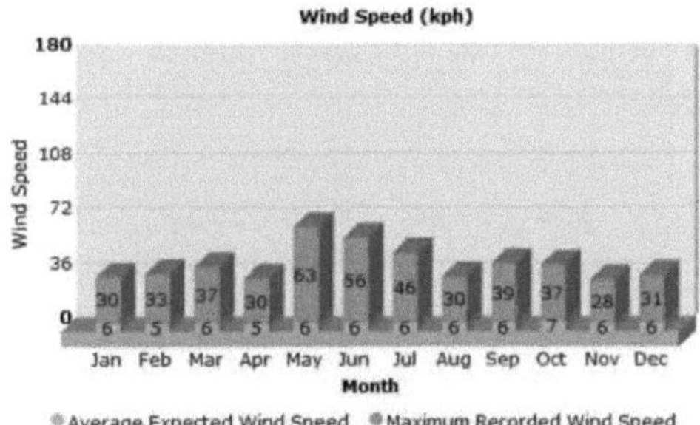

(Figura 3.3). Taxas diárias da velocidade do vento em Hulu Selangor, (fonte: Previsão meteorológica, 2012)

3.2.7 Taxa de precipitação por (anual, mensal)

Hulu Selangor é semelhante a outras cidades da Malásia e a Figura (3.4) abaixo revela a taxa de precipitação. A precipitação anual para esta área é de cerca de 2.670 mm. Embora a chuva caia ao longo de todo o ano, pode dizer-se que os meses mais chuvosos vão de dezembro a fevereiro.

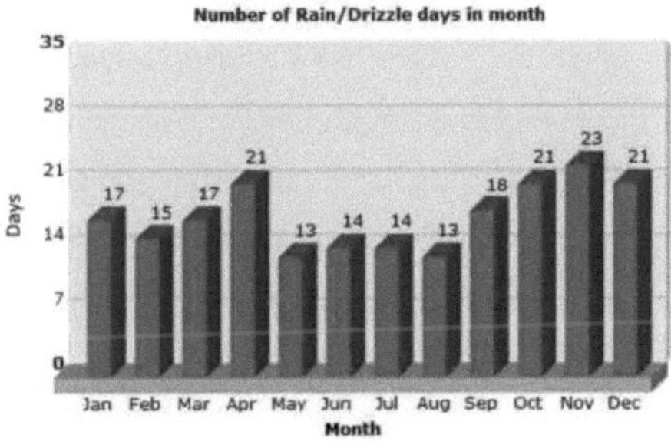

(Figura 3.4) A taxa de precipitação em Hulu Selangor, (fonte: Previsão meteorológica, 2012)

3.3 Fluxograma da metodologia

O diagrama de fluxo deste estudo é descrito na figura (3.5) e consiste em todas as etapas de processamento, desde o simples pré-processamento até à avaliação da precisão. A metodologia para este estudo começou com o melhoramento da imagem de satélite Spot 5 e, em seguida, aplicou o Density slicing para discriminar a imagem da área de estudo em cada uma das bandas da imagem Spot 5 e para descobrir a banda que pode obter uma boa diferenciação entre as características que cobriam a área de estudo. Depois disso, foram encontrados os DN das características sobre as bandas de imagem e aplicados alguns índices de vegetação. A área de estudo foi classificada em várias classes para gerar o mapa temático da cobertura do solo (massas de água, seringueiras, dendezeiros, floresta, solo, pastagens e área urbana). A seleção dos locais de treino e de teste foi o passo seguinte, tendo sido recolhidos dados para cada classe antes de aplicar quaisquer algoritmos de classificação, após o que foram recolhidos os locais de teste utilizando o Google Earth, o mapa topográfico, o GPS de mão e o espetrómetro para recolher pixels puros para diferentes tipos de características localizadas na área de estudo. A classificação foi efectuada através da utilização de classificação supervisionada, não supervisionada e de extração de características para gerar o mapa de ocupação do solo. Depois de efetuar muitos tipos de classificações, o investigador observou que havia uma grande interferência entre a área da borracha e a da palmeira de óleo e que não era possível obter um bom resultado, Por essa razão, o pesquisador dividiu a área de dendezeiro em duas classes: dendezeiro maduro e dendezeiro jovem, para que a interferência ou a sobreposição fosse o mais baixa possível, depois selecionou novos locais de treinamento para o dendezeiro e fez a classificação, após o que foi feita a avaliação da precisão de cada classificação para ver a confiança de cada classificação e o próximo passo foi a generalização do mapa temático. Depois de encontrar a cobertura terrestre de seringueiras, o investigador realizou o recorte da área de seringueira da imagem utilizando o ficheiro de forma obtido a partir da classificação de avaliação de maior precisão para extrair a área de seringueira, depois a imagem foi mascarada utilizando o software Envi. Depois disso, o pesquisador investigou a imagem Spot para encontrar os DNs de cada classe em todas as bandas e usá-los como variáveis de entrada na classificação. Nesta fase, o pesquisador coletou locais de treinamento e teste relacionados a diferentes idades de seringueiras, novos algoritmos de classificação aplicados à imagem recortada da área de seringueiras para gerar o mapa temático de seringueiras em diferentes idades, generalizou o mapa temático para remover os pixels isolados. Depois de extrair os mapas temáticos dos vários algoritmos de classificação aplicados, o pesquisador realizou a avaliação da precisão usando os locais de teste gerados anteriormente na Matriz de Confusão, a comparação entre todos os resultados da classificação feita para descobrir qual classificador tem a maior precisão para estimar e mapear seringueiras em diferentes idades e para medir os erros de comissão e emoção.

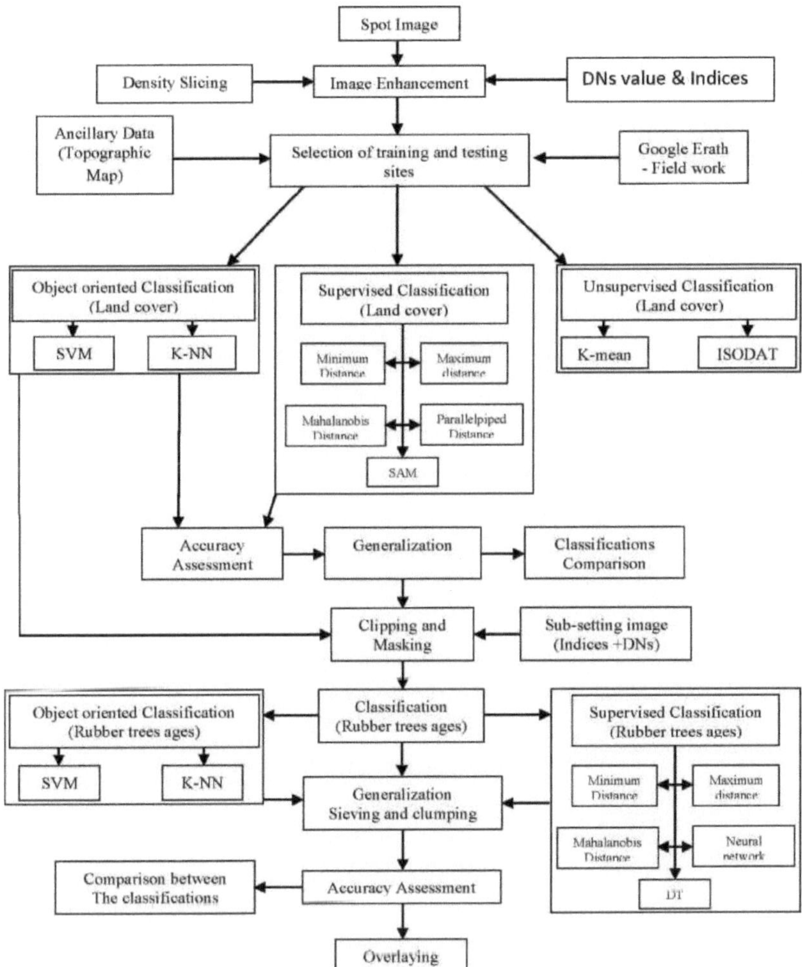

(Figura 3.5). Fluxograma da metodologia.

3.4 Materiais utilizados

Para realizar este estudo, foram utilizados diferentes tipos de dados para identificar a ocupação do solo para as imagens de 2007 e para cartografar a distribuição da seringueira. Além disso, existem muitas opções, estratégias e técnicas para processar todos esses dados de entrada e obter o resultado desejado de forma eficiente e económica. De facto, as escolhas da metodologia geral e das disposições técnicas específicas estão largamente relacionadas com os dados disponíveis do caso de estudo. Os materiais utilizados e os métodos aqui aplicados são descritos nesta secção.

3.4.1 Dados de satélite:

Neste estudo foi utilizado o satélite de observação da Terra Spot 5, e a data de aquisição destas imagens foi em 27/08/2007. O número de bandas do satélite Spot 5 é de cinco. A resolução espacial da imagem Spot para as bandas (Verde, Vermelho e NIR) é de 10m (nadir) e para a quarta banda (SIR) é de 20m (nadir). O SPOT (Satellite Pour l'Observation de la Terre) é um dos sistemas de satélites de observação da Terra com maior resolução e imagem. Os satélites SPOT 1, 2 e 3 têm o mesmo número de bandas (verde, vermelha e NIR) e têm a mesma resolução espacial, cerca de 10 m para a banda pancromática ou 20 m. No entanto, ambos os SPOT 4 e 5 têm uma resolução espacial mais elevada. A figura abaixo mostra uma das séries spot 5. A série Spot é um sistema francês de satélites de deteção remota de recursos, composto por 5 satélites, 3 dos quais transportam dois sensores Visíveis de Alta Resolução (HRV) a bordo como adquirente de dados. Estes satélites são constituídos por uma matriz multilinear de detectores, pelo que são satélites pushbroom. Ambos os HRV são capazes de recolher dados em dois modos: multiespectral e pancromático. Uma das características importantes dos satélites SPOT é o facto de possuírem ótica pintável. Isto significa que é possível obter imagens estereoscópicas dos satélites, uma vez que os HRVs apontam facilmente para o nadir até 27 graus. Além disso, se existirem nuvens que obscureçam a imagem original, estas podem ser tituladas pelos sensores, de modo a obter uma nova imagem sem ter de esperar três semanas pela próxima passagem. A figura (3.6) revela como o satélite Spot regista a radiação reflectida. Todos os satélites SPOT estão localizados numa órbita sincronizada com o Sol e atravessam o Equador (nó descendente) às 10:30 da manhã. A altitude dos satélites orbita a cerca de 832 km com uma inclinação de cerca de 98 graus. O período de viagem é de 101 minutos e o ciclo orbital é de 26 dias. Os satélites SPOT, após sucessivos trajectos terrestres, são deslocados para oeste em cerca de 2823 km. A amostragem terrestre dos satélites SPOT (1- 4) utilizando a visualização nadir é de 20m x 20m para as imagens multiespectrais e de 10m x 10m para as imagens pancromáticas. A largura da faixa terrestre dos satélites SPOT é de 60 x 60 km coberta pelas matrizes lineares. Existem 3000 e 6000 pixéis por linha para as imagens multiespectrais e pancromáticas, respetivamente.

5. Huang (2006) utilizou imagens de vegetação Spot para monitorizar os processos de desertificação no Norte da China com uma resolução espacial de 1 km e para produzir um mapa de cobertura do solo, indicando as áreas que podem estar sob o risco de desertificação. A área de estudo era de mais de (2000-3500) km^2 e, em seguida, foi desenvolvida uma abordagem de classificação efectuada para diferentes coberturas vegetais de cobertura do solo. Um bom resultado de classificação foi obtido pelo NDVI de 10 dias, comparado com o Global Land Cover 2000 e depois fez-se a classificação MODIS Vegetation Continuous Field, as áreas com vegetação foram detectadas por esta abordagem, depois modelou-se a área que está sob o risco de desertificação, e o resultado revela que cerca de 1,60 milhões de km^2 áreas sob o risco de desertificação. As imagens do SPOT VEGETATION foram muito úteis para detetar grandes mudanças de ambos os processos ambientais e de desertificação (S. Huang, 2006). Quanfa Zhang et al., (2000) utilizaram no seu estudo cicatrizes de incêndios mapeadas e datadas como referência depois de terem desenvolvido

um algoritmo para mapear a distribuição da idade dos povoamentos florestais, tendo utilizado um índice de vegetação chamado índice de vegetação de ondas curtas (SWVI). Fraser et al. (2002) calcularam a partir do "SPOT VEGETATION" utilizando as bandas de infravermelhos próximos e de infravermelhos de ondas curtas, após o que efectuaram uma comparação com os índices conhecidos que obtiveram a partir das cicatrizes de incêndios datadas (Latifovic, 2001), utilizando as alterações anuais no NDVI a partir de dados AVHRR sequenciais, para encontrar as áreas diferenciadas com valores mais baixos de SWVI. A avaliação foi efectuada utilizando imagens Landsat TM. B. Martinez et al.,(2011) caracterizaram o "estado do solo" de uma região de terra firme utilizando um conjunto de atributos, que têm diferentes escalas temporais. Foi implementada uma análise multi-resolução (MRA) baseada na transformada wavelet (WT). O estudo foi efectuado em Ferlo (Senegal) de 2001 a 2009. Combinando estas resoluções temporais com informações sobre a dinâmica da vegetação. Para efeitos do estudo, as séries temporais de 1 km de cobertura verde aparente (AGC), obtidas a partir dos compósitos de 10 dias dos satélites SPOT Vegetation (VGT), foram analisadas, tendo sido obtidos dois resultados do MRA, A1 (sem ruído) e A6 (inter-anual), utilizados para caraterizar a produção vegetal e avaliar a variação a longo prazo, respetivamente. Em seguida, foi utilizado o teste de Mann-Kendall para examinar a significância das variações interanuais observadas. Quando consideraram a componente inter-anual na análise de tendências, obtiveram o maior número de pixéis (86%) em vez de utilizarem a série temporal original (47%).

Os resultados satisfazem uma ecologização geral no período de 2001 a 2009.

(Figura 3.6). Imagem Spot 5 da zona de estudo

3.4.2 Dados complementares

Uma forma importante de complementar os dados de deteção remota é utilizar a informação auxiliar. (Neste estudo, foi utilizada uma cópia impressa de um mapa topográfico para apoiar o processamento das imagens. O mapa foi elaborado para Rawang, um dos distritos localizados na área de estudo, com uma escala de 1:50.000 e a projeção ortomórfica rectificada da Malásia, e impresso pela Direção de Cartografia Nacional, Malásia, em 1995. A figura (3.7) abaixo mostra o distrito de Rawang e alguns distritos

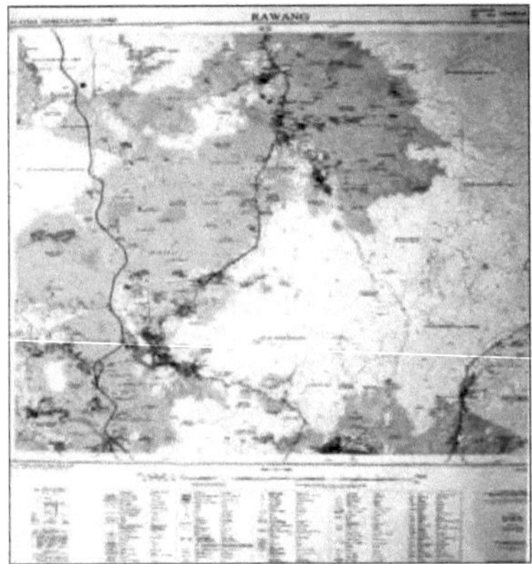

(Figura 3.7). Mapa topográfico do distrito de Rawang, (fonte: JUPEM)

3.4.3 Shapefile da distribuição das seringueiras

Aqui há um shapefile que demonstra a distribuição das árvores de borracha na área de estudo em relação a

2008, utilizado nas etapas seguintes para efetuar a validação.

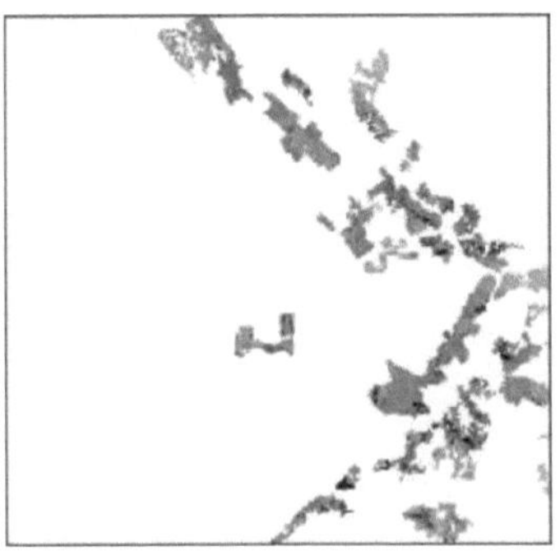

(Figura 3.8). Distribuição das seringueiras no estudo, (fonte: GeoInfo, 2008)

O shapefile foi utilizado neste estudo para validar um resultado de investigação, por outras palavras, para encontrar o nível de confiança nos resultados da investigação.

3.5 Interpretação da imagem:

Esta etapa consistiu em utilizar a identificação obtida nos locais correspondentes a partir de cada um dos mapas topográficos e do Google Earth para fazer a interpretação da imagem, utilizando elementos de interpretação para gerar uma imaginação inicial sobre a ocupação do solo da área de estudo antes de iniciar o trabalho de campo e sobre os tipos de ocupação do solo nos locais que foram descobertos a partir do Google Earth e do mapa topográfico.

3.6 Trabalho de campo

Após as três últimas etapas, o trabalho de campo começou a ser efectuado utilizando dois instrumentos, como se segue:

3.6.1 Utilizar o GPSMAP de mão

O trabalho de campo é efectuado com um GPSMAP portátil do tipo Garmin Csx76. O Garmin GPSMAP 76CSx é uma atualização do GPSMAP 76CS, um dos instrumentos GPS mais populares utilizados para muitas aplicações no exterior e na marinha. Além disso, esta unidade inclui um novo recetor GPS altamente sensível que adquire satélites mais rapidamente e permite aos utilizadores localizar a sua posição em condições difíceis, como folhagem densa ou desfiladeiros profundos. O GPSMAP 76CSx incorpora também um altímetro barométrico para dados de elevação extremamente precisos e uma bússola eletrónica que apresenta um rumo preciso quando se está parado. A exatidão da precisão do GPS Garmin:

- Posição: < 10 metros, típica
- Velocidade: 0,05 metros/seg. em estado estacionário

Neste estudo, tendo em conta as amostras que foram obtidas a partir do Google Earth, da carta topográfica e da interpretação das imagens spot, utiliza-se o GPS para identificar a ocupação do solo e para ter a certeza de que as últimas amostras representam a verdadeira ocupação do solo. Além disso, selecionar novas amostras de referência que serão utilizadas nos passos seguintes para efetuar uma análise da imagem pontual. Depois de selecionar os pontos de referência e registar as suas coordenadas, a figura (3.9) abaixo mostra o GPSMAP 76CSx e o software que foi utilizado neste estudo.

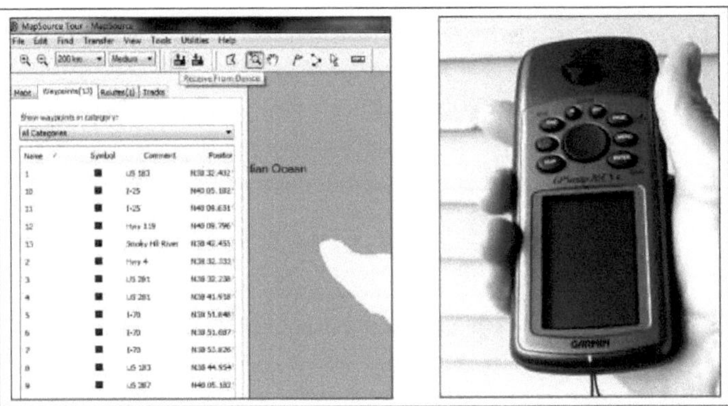

(Figura 3.9).GPSMAP 76CSx e a sua interface de software

3.6.2 Espectrorradiómetro

O espectrorradiómetro StellarNet é um instrumento potente e de grande utilidade em diferentes domínios para medir a reflexão e a absorção ou a transmissão da radiação electromagnética, o que acontece quando a REM interage com diferentes características do nosso mundo real, como a monitorização das plantas, a deteção remota para a modelização SIG e para fins ambientais. Antes de utilizar este instrumento, deve calibrá-lo e escolher o tipo de dispositivos que utiliza no trabalho nas janelas de interface do software e fazer o varrimento escuro e o varrimento claro para registar as referências do espetro. As medições de reflectância espetral in situ obtidas no terreno com um espectrorradiómetro portátil podem ser utilizadas para :

- Obter informações sobre as características de reflectância espetral de materiais seleccionados
- Calibrar os dados de deteção remota.
- Fornecer dados espectrais únicos para uma melhor extração de informações utilizando dados de teledeteção multiespectrais e hiperespectrais.

Este é outro instrumento que foi utilizado neste estudo para descobrir os padrões de diferentes características que se distribuem na área de estudo, existem várias reflectâncias espectrais que se relacionam com diferentes tipos de características registadas e as amostras que foram recolhidas, tais como estradas, borracha em diferentes idades, óleo de palma, pastagens e outra vegetação para dar uma melhor compreensão da resposta das características. Este instrumento é utilizado em todo o mundo para analisar rotineiramente a luz e em diferentes domínios, como a agricultura e a alimentação, **o** ambiente e a ecologia, a física e os materiais, a química e as biociências e, em seguida, a monitorização de processos e o controlo da qualidade. Este instrumento é calibrado para medir a irradiância espetral em unidades de watts por metro quadrado na gama de comprimentos de onda em nanómetros fornecida pelo modelo de espetrómetro selecionado. Atualmente, a StellarNet oferece sistemas de Radiómetro na gama de 400 a 1100 nm. O espectrorradiómetro StellarNet é também utilizado para medir a quantidade de energia reflectida, transmitida ou absorvida do espetro. Esta ferramenta é muito importante para este estudo e pode ser utilizada nesta operação para conhecer o tipo de cobertura do solo e os padrões de reflectância para diferentes idades de seringueiras, considerando os padrões de diferentes características. As figuras (3.10) abaixo mostram o instrumento e a interface do software que o utiliza. (Sítio Web do Sistema de Dados Astrofísicos do Smithsonian/NASA).

(Figura 3.10). O equipamento do espectrorradiómetro StellarNet

3.7 Processamento e análise de imagens

Processamento de dados digitais (imagens) através de software informático. Por exemplo, muitas análises de imagens são efectuadas em imagens digitais até se obter um resultado satisfatório. Existem muitas análises para o processamento instantâneo de imagens para reduzir o ruído e melhorar o contraste e outras tarefas como a segmentação de imagens para descrever os objectos da imagem e reduzi-los a uma forma adequada para outra análise ou classificação de características individuais. Outro aspeto do processamento digital de imagens é a extração de atributos que representam as imagens digitais de entrada, tais como dados estatísticos, contornos e a saída pode ser tabelas ou relatórios estatísticos (Rafael C.et al., 2002). Antes de iniciar o subsequente processamento e análise de imagens de quaisquer dados para aplicação em deteção remota, é obrigatório assegurar que a imagem é corrigida geometricamente, porque a imagem sem referência espacial é apenas uma fotografia. A correção radiométrica é também de importância vital, uma vez que tende a libertar a imagem de qualquer ruído. Os dados obtidos por teledeteção contêm normalmente erros sistemáticos e não sistemáticos (Jensen, 2005).

A luz solar que é reflectida a partir das características quando atravessa a atmosfera antes de ser captada pelos sensores e esta viagem também perturba o sinal. Todas estas perturbações são devidas a alguns gases e poeiras que podem absorver ou refletir comprimentos de onda específicos, o que acaba por alterar as propriedades espectrais da radiação da luz solar. É bom saber que é muito útil calibrar estes dados com precisão, antes de os utilizar em qualquer aplicação, por exemplo, para efetuar a deteção de alterações.

3.7.1 Correção geométrica

Todas as imagens de satélite adquiridas não podem ser utilizadas diretamente como mapa, porque têm distorções na escala geométrica. Estas distorções são o resultado de erros que resultam dos erros de posicionamento dos satélites na sua órbita, e esta distorção pode ser em várias direcções (x, y). Existem alguns tipos de erros que podem ser calculados e corrigidos, conhecidos como erros sistemáticos, tais como a rotação da Terra e os ângulos dos sensores, que podem ser previstos. Esta informação é normalmente utilizada para corrigir as distorções das imagens. (Jensen, 2007) Assim, no caso das imagens SPOT, o Sistema de Coordenadas Projectadas foi o Rectified_Skew_Orthomorphic (RSO) e o datum foi o Kertau_Meters.

3.7.2 Correção atmosférica:

Infelizmente, a luz solar, na sua viagem para atingir o objeto terrestre, é absorvida e dispersa pelas camadas da atmosfera, o que leva a que a luz solar não atinja todos os objectos no mesmo ângulo.

3.7.3 Melhorias de imagem

O melhoramento de imagens é normalmente utilizado para tornar as imagens de deteção remota mais adequadas do que as originais para aplicações. Existem duas técnicas gerais utilizadas para o melhoramento de imagens: Métodos no domínio espacial e no domínio da frequência. No primeiro caso, as técnicas consistem em manipular os pixéis da imagem digital, enquanto no segundo se baseiam na modificação da transformada de Fourier da imagem digital. O melhoramento da imagem foi efectuado para este estudo, a fim de melhorar a textura de algumas características relacionadas com o estudo e discriminar os padrões das características utilizando a filtragem linear.

Alongamento do histograma: por vezes designado por alongamento do contraste, é uma técnica de melhoramento simples que tenta melhorar o contraste da imagem através do alongamento da gama de valores para expandir uma gama desejada de valores DN, como a utilização de toda a gama DN. A diferença em relação a outros métodos reside no facto de apenas aplicar uma função de escala linear aos valores dos píxeis da imagem, não alterando a forma geral do histograma.

Equalização do histograma: Esta é outra técnica de melhoramento, mas não se baseia na gama de DN, antes lida com a manipulação do histograma. É uma técnica em que o histograma da imagem resultante é tão plano quanto possível. Esta técnica é muito utilizada para melhorar o contraste em várias aplicações, devido às suas funções e efeitos simples. Rafael C.Gonzalez et al., (2002)

3.8 Software utilizado:

Nesta investigação, foram utilizados cinco tipos de software"

1. **ArcGIS**: foi utilizado para fornecer as shapefiles da classificação da cobertura do solo, a shapefile das idades das árvores de borracha, a shapefile para recortar a imagem de satélite.

2. **ENVI V.5 & ENVI V4.7:** foram utilizados para o pré-processamento, processamento (classificação, generalização de classes, melhoramento, sobreposição de imagens)

3. **Expert GPS Map Software para Garmin GPSMAP Csx76**: foi utilizado para gerir as amostras recolhidas para a área de estudo

4. **Software de funcionamento do espetrómetro Spectra Wiz:** foi utilizado para gerar os padrões de reflectância espetral de diferentes características, tais como (seringueira, erva, palmeira de óleo, e outros)

5. **Microsoft Word:** O Microsoft Word foi utilizado neste estudo.

6. **Microsoft Excel:** O Microsoft Excel foi utilizado para produzir vários gráficos e tabelas.

3.9 Locais de formação e de ensaio:

Os locais de treino de cada classe são seleccionados com base no mapa topográfico, no Google Earth e na interpretação de imagens realizada para as imagens Spot. Um dos procedimentos importantes para aumentar a exatidão dos resultados e tornar os resultados da classificação satisfatórios é a seleção de amostras de referência distribuídas na área de estudo. É habitual que as amostras de referência sejam recolhidas do mundo real na área de estudo para apoiar a classificação da imagem de satélite e testar a avaliação da precisão da classificação. Nos passos avançados deste estudo, o investigador seleccionou novas classes de palmeira de óleo depois de ter dividido esta classe em classes de palmeira de óleo madura e jovem. Foram recolhidas 63 amostras de terreno para testar a exatidão da classificação e a área de cada local era de cerca de 50 metros, no mínimo, e utilizando o GPS portátil determinou-se a localização dessa amostra (latitude e longitude) e o Datum utilizado foi o WGS84, depois convertido para RSO Kertau.

3.9.1 Mapa topográfico

Os dados auxiliares são um dos dados utilizados na maior parte das investigações de deteção remota. Os dados auxiliares disponíveis para este estudo são o mapa topográfico do distrito de Rawang e de alguns distritos como Rasa, Batang kali e Serendah. Infelizmente, este mapa topográfico não cobre toda a área de estudo e, devido à falta de informação para este estudo, o investigador utilizou o mapa topográfico para descobrir as áreas cobertas por diferentes características antes de ir para o terreno identificar a cobertura do solo na área de estudo, como seringueiras, palmeiras, florestas e massas de água. O mapa topográfico tem uma escala de 1:50.000 e foi gerado pela JUPEM em 1995. A área de estudo está coberta por diferentes espécies de vegetação.

3.9.2 Google Earth:

O segundo passo foi projetar a área de estudo no Google Earth. O Google Earth é um globo virtual, um mapa e um programa de informação geográfica que se chamava originalmente EarthViewer 3D e que foi criado pela Keyhole, Inc, uma empresa financiada pela Agência Central de Inteligência (CIA) e adquirida pela Google em

2004, utilizando o satélite IKONOS com uma resolução espacial de até 4 m que fornece imagens de todos os locais do mundo. Mapeia a Terra através da sobreposição de imagens obtidas a partir de imagens de satélite, fotografia aérea e globo GIS 3D. Em alguns estudos pode ser utilizado o Google Earth em vez de visitar a área de interesse. Para este estudo com o Google Earth, foi efectuada a verificação inicial da área de estudo, tendo sido fácil identificar algumas características da área de estudo, tais como (massas de água, óleo de palma, floresta e área urbana), mas, infelizmente, a identificação das seringueiras através do Google Earth é muito difícil e é necessário efetuar trabalho de campo.

3.10 Análise de dados:

3.10.1 Subconjunto da imagem de satélite:

Nesta etapa, o investigador realizou um subconjunto da imagem spot em partes ou áreas, cada área representava a maioria das amostras de verdade terrestre recolhidas a partir do GPS e de alguns locais reconhecidos pelo Google Earth para gerar os índices e descobrir os DN das características que se distribuíam na área de estudo e desenhar os padrões sobre as quatro bandas da imagem Spot 5. A área subconjunto destacada como ponto de referência.

3.10.2 Índices de vegetação (VIs):

São combinações de características da Terra que reflectem o comprimento de onda do espetro eletromagnético e que são geradas para descobrir as propriedades da vegetação. Cada um dos índices de vegetação é criado para descrever uma caraterística específica da vegetação. Foram utilizados muitos índices neste estudo para descobrir os diferentes tipos de características e depois desenhar os padrões das características utilizando o ENVI 4.8, que fornece cerca de 27 VIs para utilizar no seu ambiente para observar a presença e a abundância relativa de pigmentações vegetais, água e outras características que podem ser testadas utilizando estes índices. A seleção do tipo de índice é um dos passos difíceis que a investigação enfrenta para este estudo, porque a maior parte da área coberta por tipos de vegetação, o que significa que tem aproximadamente o mesmo resultado ou um resultado próximo dos índices. A utilização do índice neste estudo dá uma ideia sobre o tipo de características na área de estudo e discrimina entre o tipo de vegetação na área de estudo e utiliza-o como parâmetro ou variável de entrada no classificador da Árvore de Decisão (DT). Os índices que foram utilizados para efetuar a análise são os seguintes

3.10.2.1 Índice de vegetação de diferença normalizada (NDVI):

O (NDVI) é um indicador gráfico simples que pode ser utilizado para analisar medições de deteção remota; foi realizado para este estudo para encontrar a diferença entre as características relacionadas com a área de estudo; a fórmula do NDVI é definida pela equação abaixo:

$$NDVI = \frac{\rho_{NIR} - \rho_{RED}}{\rho_{NIR} + \rho_{RED}}$$ -- Equation (3.1)

A gama de valores NDVI é redundante de (-1 a 1), e a gama comum para a vegetação verde é de cerca de (0,2 a 0,8).

3.10.2.2 Índice de vegetação de diferença normalizada modificada (MNDVI):

(Rouse et al., 1973) No âmbito de uma investigação sobre a ocupação do solo, foi desenvolvido o NDVI modificado. As aplicações do novo MNDVI são descritas neste estudo e mostram resultados muito prometedores. Este índice é constituído por duas bandas para efetuar a análise: a primeira é o infravermelho curto (SIR) e a segunda é a banda verde (G). E a fórmula abaixo demonstra a sua equação:

MNDVI = (SWIR –G) / (SWIR + G) -------------------------- Equation (3.2)

3.10.2.3 Índice de brilho do solo (BI):

Outro índice que é utilizado neste estudo de caso e este índice é considerado nas quatro bandas de imagens para refletir a quantidade de solo e abaixo a equação que representa este índice:

BI = G+R+NIR+SWIR ----------------------------- Equation (3.3)

3.10.3 Descobrir os DN :

Nesta etapa, o investigador tenta descobrir os intervalos de DNs para as diferentes características que se distribuem na área de estudo ao longo das quatro bandas para fazer a identificação entre as características e que ajuda a desenhar os padrões que se relacionam com cada caraterística para usar na fase de análise e para melhor compreender os valores dos DNs das características ao longo das quatro bandas e usar esses valores na realização dos algoritmos de classificação, como a árvore de decisão, a figura (3. 11) ilustra claramente esta etapa 11) ilustra claramente este passo. Para este estudo, a investigação descobriu os DN das oito classes (Seringueiras, Palma de óleo velha, Palma de óleo jovem, Área urbana, Solo, Floresta, Corpos de água e Pastagem) no intervalo entre (0 -255)

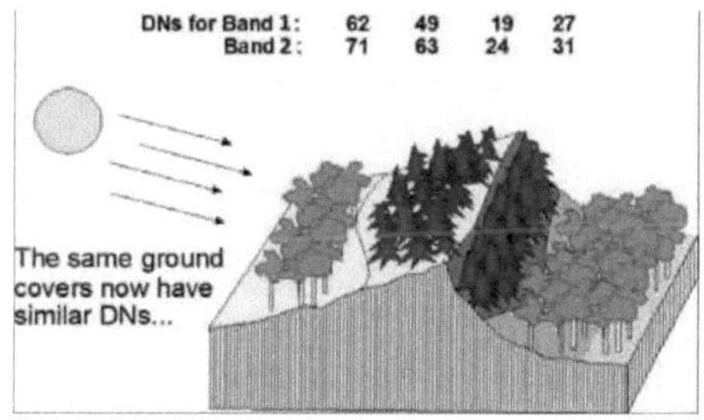

(Figura 3.11). DNs de imagens sobre bandas

3.10.4 Fatia de densidade

O Density slicing é uma técnica simples que considera os DN's distribuídos ao longo de uma imagem digital, dividindo os DN's da imagem que têm o mesmo valor de brilho em fatias para melhorar a visualização dos DN's que se situam dentro de um determinado intervalo são apresentados com os mesmos DN's na imagem de saída. Para este estudo, o Density slicing foi efectuado em cada banda da imagem Spot, para que a identificação das características fosse mais fácil do que anteriormente. A gama de grupos de DNs situava-se entre (0-255).

3.10.5Classificação da área de estudo quanto à cobertura do solo

3.10.5.1 Classificação de imagens:

A classificação de dados de deteção remota é muito atractiva para os investigadores que lidam com aplicações ambientais ou socioeconómicas, uma vez que os resultados da classificação são fontes fundamentais para este tipo de aplicações. As técnicas e abordagens de classificação são desenvolvidas por cientistas e profissionais para aumentar a precisão da classificação (Gong et al., 1992; Kontoes et al., 1993; Foody ,1996; San Miguel-Ayanz et al.,1997Por outro lado, a classificação dos dados de teledeteção representados num mapa temático constitui um grande desafio, pois são muitos os factores que condicionam a classificação destes dados, tais como a complexidade da paisagem, os dados de referência disponíveis, o tipo de dados de teledeteção, as etapas de tratamento da imagem, a variedade de abordagens de classificação, bem como a experiência do analista.

Existem muitos tipos de abordagens de classificação:

3.10.5.1.1 Classificação não supervisionada:

A classificação não supervisionada é uma das técnicas utilizadas para classificar os dados de deteção remota através de técnicas estatísticas nos seus grupos espectrais naturais, e utiliza os procedimentos iterativos, e após a classificação efectuada, o analista tem de atribuir classes espectrais a classes de informação de interesse para fazer com que cada classe esteja sob uma cobertura específica do solo e esta é uma tarefa muito importante e difícil de fazer porque alguns dos grupos não correspondem claramente ao agrupamento sob tipos de cobertura/uso do solo porque representam classes mistas de características da Terra. Um analista deve ter experiência suficiente para compreender as características espaciais e espectrais da área de interesse, de modo a que os grupos representem as áreas reais.

3.10.5.1.1.1 Classificação K-Means

é um dos métodos de classificação não supervisionados e determina a média inicial da classe de dados no seu espaço, após o que, através de iterações, agrupa os pixéis na classe mais próxima com a técnica da distância mínima. Cada uma das iterações irá calcular as médias das classes e classificar os pixéis que respeitam as novas médias. Neste tipo de classificação, alguns pixels não podem ser desclassificados se não corresponderem aos critérios que serão seleccionados. Quando o número máximo de iterações é atingido, o processamento desta classificação é interrompido. Esta técnica foi utilizada neste estudo para identificar a área de estudo e porque existem muitas espécies de vegetação na área de estudo que geram necessidades de uma técnica de verificação simples antes de fazer uma análise avançada, com o software Envi este algoritmo conduzido usando os parâmetros padrão do software para realizar a classificação K-mean, então pelo conhecido a área de estudo que obteve do Google earth, mapa topográfico e a interpretação da imagem as classes finais serão atribuídas.

O número mínimo de turmas foi de 5 turmas e o número máximo de turmas foi de 15 turmas.

3.10.5.1.1.2 A classificação ISODATA

ISODATA é conhecido como o acrónimo de Iterative Self-Organizing Data Analysis Technique. É iterativa porque efectua várias passagens pelo conjunto de dados. O ISODATA é auto-organizado porque requer pouca intervenção humana (Jensen, 2005). Como funciona o ISODATA: Em primeiro lugar, os centros dos clusters são colocados aleatoriamente e todos os pixéis dentro das imagens são agrupados com base no método da distância mais curta ao centro, depois calcula-se o desvio padrão dentro de cada cluster e, em seguida, calcula-se a distância entre os centros do cluster. Se o limiar definido pelo utilizador for inferior ao desvio-padrão, o agrupamento será dividido, mas se a distância entre os agrupamentos for inferior à definida pelo utilizador, os agrupamentos serão fundidos, o que significa que será efectuada uma nova iteração, mas com novos centros de agrupamento. A figura (3.12) mostra o cluster inicial e o cluster final deste tipo de classificação.

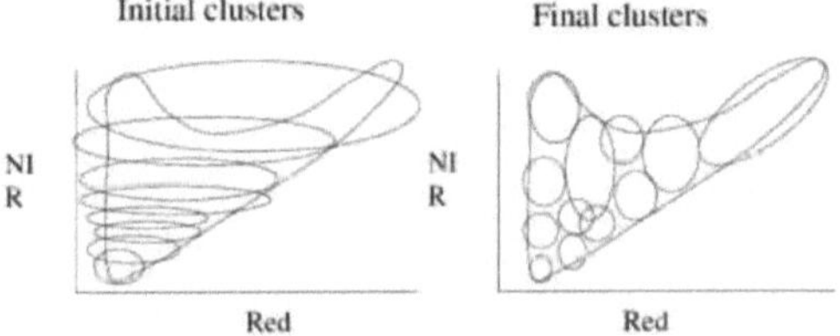

(Figura 3.12). ISODATA Classificação não supervisionada, (fonte: Jensen, 2005)

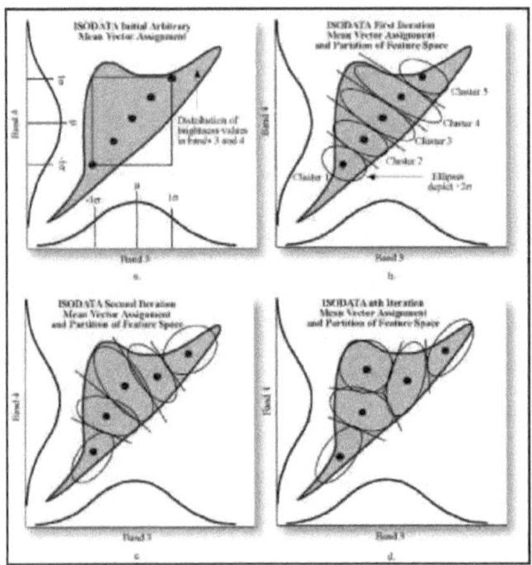

(Figura 3.13). Classificação ISODATA, (fonte: Jensen, 2005)

A classificação foi efectuada para toda a imagem de satélite com 10 literaturas e, em seguida, a classificação foi efectuada para cada banda separadamente (verde, vermelho, NIR e SWIR), respetivamente. A iteração da classificação foi de 15 vezes e o número mínimo de classes foi de 5, sendo que 15 representa o número máximo de classes da imagem de satélite. A figura (3.14) abaixo mostra os parâmetros utilizados para esta classificação com o ENVI

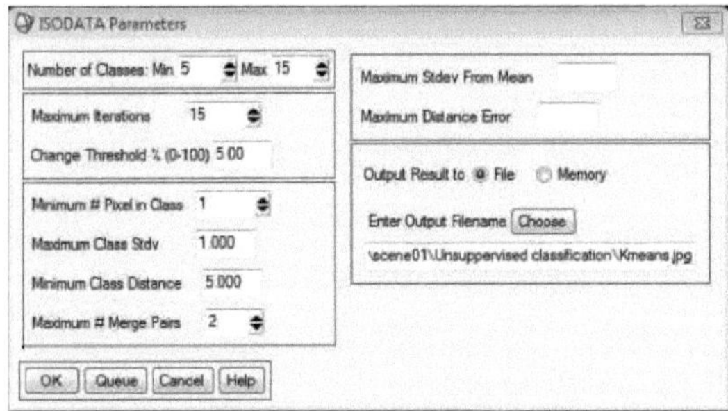

(Figura 3.13). Parâmetros de classificação

Esta classificação efectuou a reflexão espetral das características e isso ajudará a agrupar as características que têm o mesmo espetro num único grupo.

3.10.5.1.2 Classificação supervisionada:

Este tipo de classificação é efectuado quando o analista de imagem, na fase de processamento da imagem, supervisiona o processo de identificação dos pixels (DNs), determinando ao algoritmo descritores numéricos para os diferentes tipos de ocupação do solo presentes nas imagens. A classificação supervisionada é uma classificação rígida e considerada na identificação de pixéis e é um dos métodos escolhidos para efetuar a classificação neste estudo. Existem vários tipos de classificação supervisionada que podem ser utilizados para investigar dados de deteção remota, tais como o classificador de paralelepípedos, a distância mínima, a máxima verosimilhança, o mapeador de ângulos espectrais, a distância de Mahalanobis, a árvore de decisão e as máquinas de vectores de apoio

3.10.5.1.2.1 Classificação dos paralelepípedos

O classificador paralelepípedo é um classificador supervisionado muito simples, ou seja, em princípio, os DN dos pixels de treino são formados num vetor médio para cada classe e, em seguida, calcula-se o desvio padrão SD para cada classe. O Parallelpiped tem algumas regras de decisão: O computador começa a calcular as regiões de decisão tendo em conta as médias e os desvios-padrão de cada classe em cada banda e, em seguida, examina a localização dos pixéis de imagens desconhecidas nas regiões de decisão. Os píxeis desconhecidos serão atribuídos à classe em que se enquadram em função da comparação entre as distâncias e o vetor médio de cada classe. A figura (3.15) mostra a classificação do paralelepípedo e a lógica de decisão é representada pela fórmula abaixo:

$$DN_{ijk} \in c_n \text{ iff } \mu_{c,k} - s_{c,k} \leq DN_{ijk} \leq \mu_{c,k} + s_{c,k} \quad \text{------------------ Equation (3.4)}$$

$\mu_{c,k}$ = a média dos DN para a classe na banda k, DN_{ijk} = DN que tem a localização i, j na banda n.º (k); Sc, k = o desvio-padrão da classe na banda (k).

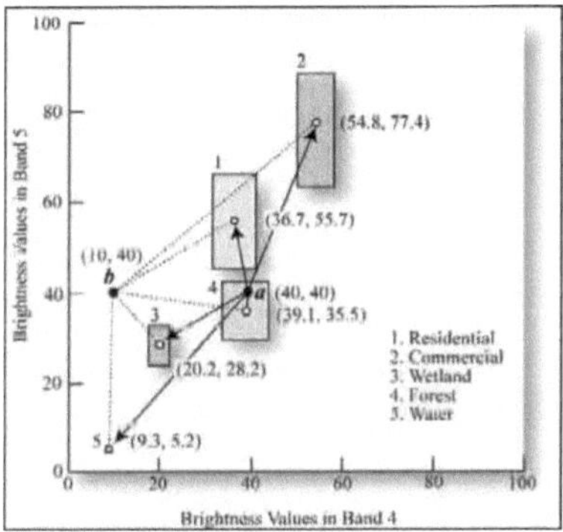

(Figura 3.15). Classificação em paralelepípedo (fonte: Jensen, 2005) A classificação em paralelepípedo efectua a classificação de imagens multiespectrais de teledeteção através de regras de decisão simples e utiliza locais de treino para efetuar este tipo de classificação. Este tipo de classificação é preferido para classificar os dados de teledeteção que interessam para descobrir os limites de características como a floresta, as massas de água ou a cobertura vegetal. (Thomas M. Lillesand et al., 1994). A área de estudo foi classificada em sete classes: (Seringueiras, Palmeira de óleo, Floresta, Solo, Área urbana, Corpos de água e Pastagem) para verificar a área de estudo e gerar um mapa temático da cobertura vegetal na área de estudo de Hulu Selangor.

Os parâmetros deste algoritmo que foram utilizados eram os predefinidos, tendo sido gerados os locais de treino na imagem de satélite e efectuada a classificação.

3.10.5.1.2.2 Regra de decisão da distância mínima:

A distância utilizada num algoritmo de classificação de distância mínima à média pode assumir duas formas: a distância euclidiana baseada no Teorema de Pitágoras e a distância "à volta do quarteirão". A distância euclidiana é mais intensiva do ponto de vista computacional, mas é mais frequentemente utilizada. Todos os pixels são classificados na classe mais próxima, a menos que seja especificado um desvio padrão ou um limiar de distância, caso em que alguns pixels podem não ser classificados se não satisfizerem os critérios seleccionados. A figura (3.15) que descreve a classificação por distância mínima e a equação abaixo representam o algoritmo de distância mínima:

$$Dist = \sqrt{(BV_{ijk} - \mu_{ck})^2 + (BV_{ijl} - \mu_{cl})^2}$$ ---------------------------------- Equation (3.5)

John A. Richards (2006) afirmou que esta classificação é efectuada calculando os vectores médios da região de interesse (ROI) e utilizando a distância euclidiana para calcular a distância entre cada pixel e o vetor médio da classe. Os píxeis são classificados em qualquer classe com base na região de interesse mais próxima, mas há algumas limitações neste classificador, por exemplo, por vezes os píxeis são classificados em classes que não estão relacionadas com as suas características, mas como este classificador considera a distância média, é insensível às diferenças no grau de variância. O classificador de distância mínima também foi utilizado para identificar a área de estudo, gerando a região de interesse (ROI) e efectuando a classificação. O resultado desta classificação foi um mapa temático da ocupação do solo que representa as sete regiões diferentes, tal como explicado anteriormente.

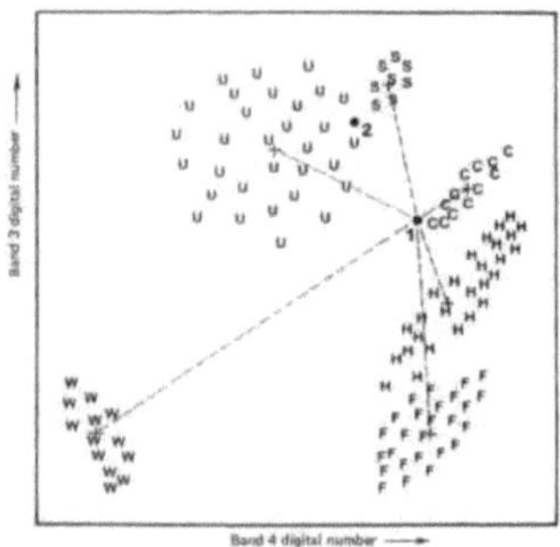

(Figura 3.16). Classificação da distância mínima, (fonte: Jensen, 2005)

3.10.5.1.2.3 Máxima verosimilhança gaussiana

Este classificador funciona com base em medições da distância multiespectral da classe de treino; a regra de decisão de máxima verosimilhança baseia-se na probabilidade. Em primeiro lugar, o computador calcula a função de densidade de probabilidade para cada classe de treino e, em segundo lugar, cria contornos de probabilidade em torno da média de cada classe. Em seguida, examina-se a probabilidade de os pixéis desconhecidos pertencerem a cada classe. Se o pixel for atribuído à categoria mais provável. Nestes casos, os modos individuais representam provavelmente classes únicas que devem ser treinadas individualmente e rotuladas como classes de treino separadas. A probabilidade de um pixel pertencer a cada um de um conjunto predefinido de (m) classes é calculada e o pixel é então atribuído à classe para a qual a probabilidade é a mais elevada. A figura (3.17) explica este procedimento

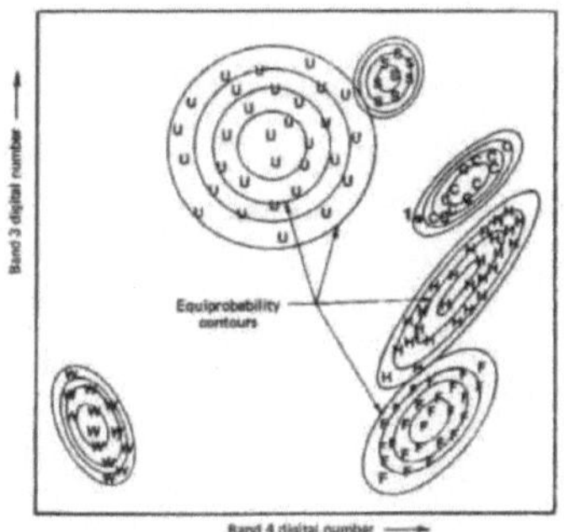

(Figura 3.17). Máxima Verosimilhança Gaussiana, (fonte: Jensen, 2005)

É um dos métodos de classificação utilizados para classificar dados digitais, sendo também considerado como a estratégia de classificação perfeita para efetuar a classificação (Maselli et al., 1992). As probabilidades das classes com este algoritmo podem ser derivadas a partir da utilização de dados auxiliares (Maselli et al.,1990). Este algoritmo ajuda a ultrapassar a confusão entre classes que têm uma separação fraca (McIver et al, 2002), considera a densidade de probabilidades uma forma poderosa e eficaz de obter uma elevada precisão desta classificação (Strahler,

1980). Nesta fase, a área de estudo foi classificada pelo classificador de máxima verosimilhança em oito classes: (seringueiras, palmeira de óleo com mais de 5 anos, palmeira de óleo jovem com menos de 6 anos, zona urbana, solo, floresta, massas de água e pastagens). Para estimar o mapa temático da ocupação do solo e os sítios de treino gerados para efetuar este classificador

1.1.1.1.1.4 4 Classificador de distância de Mahalanobis:

O classificador da distância de Mahalanobis (MDC) é semelhante à distância euclidiana e também foi utilizado para examinar os DN das imagens pontuais para investigar a área de estudo e, em seguida, encontrar as classes de ocupação do solo e também para descobrir as classes relacionadas com as diferentes idades das seringueiras. Este classificador é semelhante à classificação de máxima verosimilhança, mas assume que todas as covariâncias das classes são iguais, pelo que é um método mais rápido. Todos os píxeis são classificados na classe da região de interesse (ROI) mais próxima, exceto se o analista tiver especificado um limiar de distância, alguns DN podem não ser classificados se não corresponderem ao limiar (em número de DN). As estatísticas da tipicidade de Mahalanobis indicam que a distância relativa de uma classe é comparada com a distância média do vetor de Mahalanobis da classe (G. M. Foody et al.,1992; G. M. Foody et al.,2002;J.R.Eastman et al.,2005):

$$Dist = \sqrt{(X - M_i)^T \bullet V^{-1}_i \bullet (X - M_i)}$$ -- Equation (3.6)

Em que X é o vetor da variável de entrada e (Mi) representa o vetor médio da classe i em todos os pixéis, Vi é a matriz de variância/covariância da classe i e T é a transposição da matriz. Variando de 0 a 1, a tipicidade de Mahalanobis determina a força absoluta da associação de classes (San Miguel-Ayanz et al.,1997; J.R.Eastman et al.,2005). A área de estudo foi classificada em oito classes como classificador de máxima verosimilhança. Ao gerar os sítios de treino, foram oito as classes utilizadas na classificação anterior para cartografar a ocupação do solo em Hulu Selangor e gerar o mapa temático da ocupação do solo.

1.1.1.1.1.5 5 Mapeador de ângulo espetral (SAM)

A definição deste tipo de classificação é a seguinte: se existirem pequenos ângulos entre os dois espectros que revelem uma grande semelhança, os NDs têm a mesma classe e se existirem grandes ângulos entre dois vectores que revelem uma baixa semelhança, isso significa que os NDs não estarão na mesma classe. O método Spectral Angle Mapper não é afetado pelos factores de iluminação solar e isso porque o ângulo entre os dois vectores é independente do comprimento dos vectores (Crosta et al., 1998; kruse et al., 1993). É necessário o arco-seno do produto escalar entre os espectros de ensaio "t" e um espetro de referência "r" com a seguinte equação (EPA, 1998).

$$\alpha = \cos^{-1}\left(\frac{\sum_{i=1}^{nb} t_i r_i}{\left(\sum_{i=1}^{nb} t_i^2\right)^{1/2}\left(\sum_{i=1}^{nb} r_i^2\right)^{1/2}}\right)$$ ---------------------------- Equation (3.7)

Where nb = the number of bands
t_i = test spectrum
r_i = reference spectrum

Este tipo de classificação foi efectuado para descrever a ocupação do solo da zona de estudo. A classificação foi efectuada utilizando os mesmos locais de treino gerados anteriormente para as oito classes, a fim de gerar um mapa da ocupação do solo da zona de estudo.

1.1.1.1.1.6 6 Árvore de decisão (DT):

Uma árvore de decisão é outro tipo de classificadores e pode ser utilizada com imagens de deteção remota simples ou com uma pilha de imagens. Existem várias séries de decisões binárias que constituem este tipo de classificador; estas decisões são utilizadas para estimar a classe correcta para cada pixel das imagens. O classificador DT funciona em função dos parâmetros disponíveis (conjunto de dados), pelo que as decisões podem ser tomadas em função das características do conjunto de dados disponível. Com uma única decisão não é possível efetuar a segmentação completa da imagem, sendo necessários pelo menos dois parâmetros para a efetuar, por exemplo, se tivermos uma imagem de elevação e outras duas imagens multiespectrais adquiridas em momentos diferentes, e qualquer uma dessas imagens pode participar nas decisões dentro da mesma árvore. No passado, cada decisão pode dividir a imagem de dados em duas classes e não há maneira de participar em duas ou mais decisões para realizar este classificador, mas recentemente há muitos novos pacotes de software que suportam este processo Envi um dos softwares que utilizou para realizar este classificador. A lógica contida nas regras de decisão geradas por estes pacotes de software pode ser aplicada para gerar e construir um classificador de árvore de decisão com a ferramenta interactiva de árvore de decisão do ENVI. A figura (3.18) mostra as regras de decisão que foram utilizadas para fazer a classificação utilizando diferentes factores, tais como (NDVI, Band4, Band1 e Slope). A classificação é feita através da introdução de algumas variáveis como regras para classificar as imagens spot 5 e estas variáveis são (NDVI, DNs, BI e MNDVI) para encontrar a distribuição das árvores de borracha em diferentes idades.

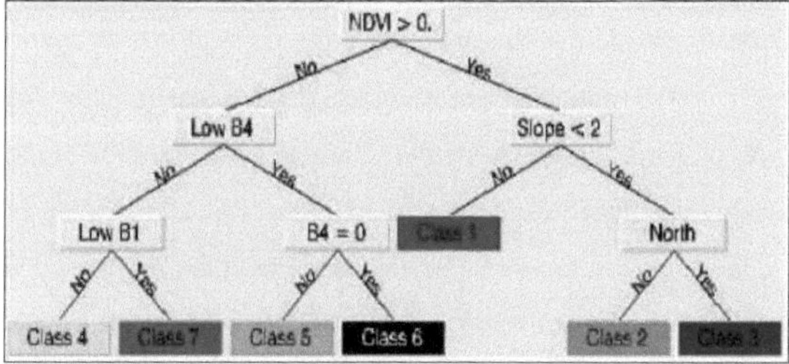

(Figura 3.18). O classificador de árvore de decisão

3.10.5.1.3 Extração de características (classificação baseada em objectos)

A seleção de factores adequados é uma das etapas críticas para realizar com êxito uma classificação de imagens. Muitos factores potenciais podem ser utilizados na classificação de imagens, tais como assinaturas espectrais, índices de vegetação, imagens transformadas, informação textural ou contextual, imagens multitemporais, imagens multisensor e dados auxiliares. A utilização de demasiados conjuntos de dados quando se efectua uma classificação para o procedimento de ocupação do solo pode reduzir a precisão da classificação (Price et al., 2002). É importante compreender como cada variável ajudará a alcançar uma boa precisão de classificação, o que significa que se devem utilizar apenas os parâmetros ou factores que aumentarão a precisão da classificação, especialmente quando se aplica um conjunto de dados como o hiperespectral ou multifonte. Existem muitas abordagens, como a análise de componentes principais, a transformada de fração mínima de ruído, a análise discriminante, a extração de características de fronteira de decisão, a extração de características ponderadas não paramétricas, a transformada wavelet e a análise de mistura espetral (Myint et al., 2001; Rashed et al., 2001; Asner et al., 2002; Lobell et al., 2002). A seleção óptima de bandas espectrais para a classificação de imagens foi explicada na literatura (Mausel et al.,1990; Landgrebe , 2003). A análise gráfica (por exemplo, gráficos espectrais de barras, gráficos de vectores de média cospectral, gráficos de espaço de características bidimensionais e gráficos de elipse) e métodos estatísticos (por exemplo, divergência média, divergência transformada, distância Bhattacharyya e distância Jeffreys-Matusita) foram utilizados para identificar subconjuntos óptimos de bandas (Jensen ,2005): Segmentação Multi-resolução, para segmentar as imagens de satélites, e o segundo passo Cria Classes Gerais que representam as características das imagens, e o último passo são as Regras de Classificação. No primeiro passo, os segmentos da imagem são definidos e calculados. Existem alguns parâmetros que devem ser definidos pelo analista, tais como escala, propriedades espectrais e propriedades de forma. Estes segmentos de imagem são calculados através de tentativa e erro, existem vários níveis hierárquicos num processo que resultará na representação de objectos individuais de interesse (Moeller et al., 2004).

3.10.5.1.4 .1 Máquina de vectores de suporte (SVM)

Outra classificação supervisionada utilizada neste estudo é a chamada máquina de vectores de apoio (SVM), que é uma técnica de aprendizagem estatística não paramétrica. Esta classificação foi desenvolvida por dois cientistas, Cortes & Vapnik (1995), para a classificação binária. Este classificador é gerado a partir da teoria da aprendizagem estatística. Separação das classes: neste classificador, tentamos encontrar o hiperplano ideal, ou seja, a separação perfeita entre as classes, o que pode ser conseguido aumentando a margem entre as classes, como mostra a figura (3.19). Os pontos que se encontram nos limites são designados por vectores de apoio e a separação no meio é designada por margem, sendo esta a separação ideal que procuramos (hiperplano):

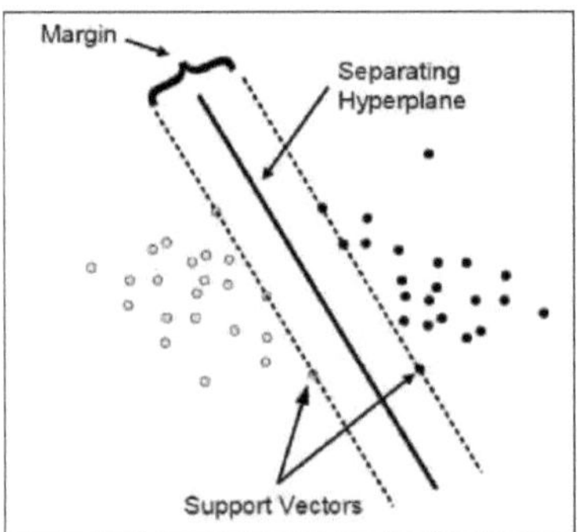

(Figura 3.19). Máquina de vectores de apoio - caso separável linear

A máquina de vectores de apoio (SVM) é uma das técnicas mais utilizadas para classificar os dados de teledeteção, mas, infelizmente, os analistas principiantes podem obter resultados insatisfatórios por não estarem familiarizados com esta técnica e por não conhecerem alguns parâmetros simples mas significativos. A máquina de vectores de apoio é utilizada para identificar os pixéis das imagens em classes a partir de dados de teledeteção complexos e ruidosos. A superfície de decisão separa as classes que maximizam a margem entre as classes. Esta superfície é muitas vezes conhecida como o hiperplano ótimo, todos os pontos que estarão mais próximos do hiperplano são muitas vezes conhecidos como vetor de suporte, eles são os elementos críticos dos conjuntos de treino. Neste estudo, o investigador utilizou o software ENVI para realizar o classificador SVM, que tem quatro tipos diferentes de núcleos para realizar o SVM: linear, polinomial, radial e sigmoide. O kernel padrão é o kernel de função de base radial, que foi utilizado para diferentes casos com bons resultados, e a fórmula matemática de cada kernel é descrita abaixo:

Linear $K(x_i,x_j) = x_i^T x_j$ ---------------- Equation (3.8)

Polynomial $K(x_i,x_j) = (g x_i^T x_j + r)^d, g > 0$ --------------- Equation (3.9)

RBF $K(x_i,x_j) = \exp(-g\|x_i - x_j\|^2), g > 0$ --------------- Equation (3.10)

Sigmoid $K(x_i,x_j) = \tanh(g x_i^T x_j + r)$ -------------- Equation (3.11)

Onde:

g representa a gama que se utiliza com todos os tipos de kernel, exceto o kernel linear.

^{d} é representado pelo termo de grau polinomial na função de kernel para o kernel polinomial. **r** é representado pelo termo de polarização na função de kernel para os kernels polinomial e sigmoide. **g**,^{d} e r são parâmetros que podem ser controlados pelo utilizador. É possível obter bons resultados de classificação se o utilizador souber lidar com estes parâmetros, o que aumentará a precisão da solução SVM. A utilização de SVM com imagens de deteção remota de grande dimensão é morosa em termos espaciais, se a resolução for elevada (Hsu et al., 2010; Wuet al., 2004). O SVM foi aplicado neste estudo para extrair o mapa temático da ocupação do solo de Hulu Selangor. A classificação foi efectuada após a criação de locais de treino para oito classes e a adição de outros parâmetros, como se segue: Para a fase de segmentação, os parâmetros foram o nível de escala = 10 e o nível de fusão = 90. O kernel Sigmoid foi utilizado no SVM, e o Bias in kernel fraction=1, parâmetro de penalização = 100, a figura (3.20) abaixo revela os parâmetros acima descritos. O software ENVI foi utilizado para aplicar este algoritmo com o fluxo de trabalho de extração de características.

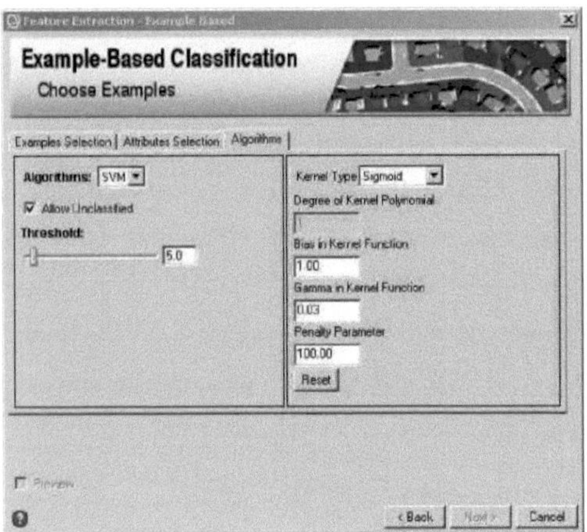

(Figura 3.20). Demonstrar o parâmetro SVM

3.10.5.1.3 .2 Classificador K-Nearest neighbor:

O K-Nearest Neighbor é um outro classificador que localiza todas as instâncias de treino como vectores num espaço dimensional de alto nível e depois coloca-as na sua classe. *k* é um parâmetro que precisa de ser fixado e denota o número de instâncias mais próximas de um novo caso. As classes das instâncias do classificador k-Nearest Neighbor serão a informação que ajuda a gerar a classificação. A distância entre as instâncias pode ser medida utilizando a típica Euclidiana. Assim, a distância entre duas instâncias pode ser determinada utilizando a fórmula pitagórica. A Figura (3.20) mostra um exemplo de como uma nova instância é classificada com base nas suas instâncias mais próximas. As instâncias de treino aqui representadas são triângulos e quadrados e já estão localizadas num espaço bidimensional. Na figura é revelado o impacto de k na classificação. O círculo será classificado como triângulo com k =3, no caso de k = 5, é classificado como quadrado. Yang et al,(1999) descobriram que o KNN conduziu os resultados da classificação e, o K-NN é geralmente homogéneo nas classes dos dados e também descobriram que o KNN fornece informações sobre os dados mesmo sem fornecer uma classificação excelente.

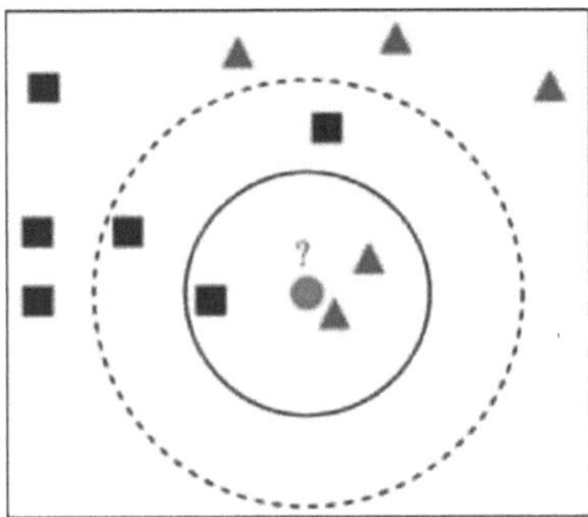

(Figura 3.21). Classificador K-Nearest Neighbor

O classificador K-NN utilizado nesta etapa para estimar o mapa temático da ocupação do solo de Hulu Selangor, a classificação foi efectuada utilizando os mesmos locais de treino utilizados anteriormente e a área de estudo dividida em oito classes, para além de outros parâmetros:

Para a fase de segmentação, os parâmetros foram nível de escala = 10 e nível de fusão = 90. A figura (3.22) abaixo revela os parâmetros descritos acima. O software ENVI foi utilizado para aplicar este algoritmo com o fluxo de trabalho de extração de características (classificação orientada para objectos).

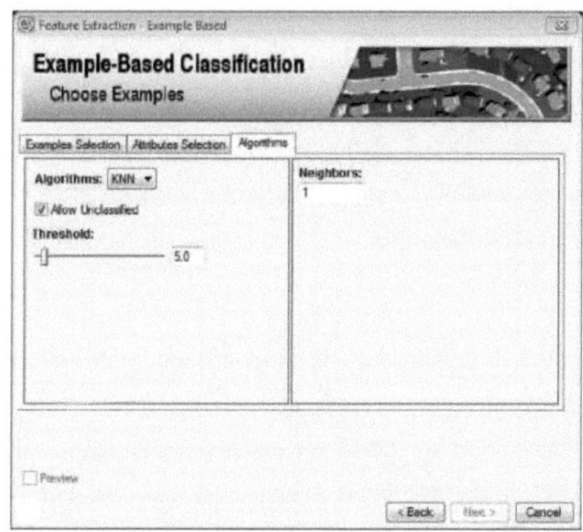

(Figura 3.22). Mostra os parâmetros de classificação

3.10.6 Classificação das mensagens:

A investigação tem revelado que o processamento pós-classificação é uma fase importante para melhorar a qualidade das classificações (Harris et al., 1995; Murai et al., 1997; Stefanov et al., 2001; Lu et al., 2004). As suas funções incluem a recodificação das classes de ocupação do solo e a modificação da imagem classificada através da utilização de dados auxiliares ou de conhecimentos especializados. Devido à complexidade da paisagem, os tipos de classificação tradicionais baseados na assinatura espetral dos pixéis geram efeitos de sal e pimenta. Por conseguinte, são frequentemente aplicados muitos filtros nesta fase para reduzir o ruído. Esta fase ajuda a generalizar os resultados dos dados de imagens digitais, aplicando alguns destes filtros, como o filtro de suavização ou utilizando a técnica de peneiramento e aglomeração para reduzir o ruído no mapa temático e generalizar o resultado da classificação,

Também os dados auxiliares, outro fator, podem ser utilizados para modificar a imagem de classificação em função de regras especializadas estabelecidas. Por exemplo, a distribuição da floresta em zonas montanhosas está relacionada com a elevação, o declive e os aspectos. Os dados que podem descrever as características da superfície terrestre podem ser utilizados para aumentar os resultados da classificação com base no conhecimento das classes de plantações e dos parâmetros topográficos. Nas zonas urbanas, a densidade populacional está relacionada com os padrões de distribuição da utilização do solo urbano, e estes dados podem ajudar a corrigir alguma confusão entre zonas comerciais e residenciais ou entre zonas de recreio e zonas de cultivo (Lu et al., 2004).

3.10.7 Generalização (aglomeração e peneiração):

Na fase de pós-classificação e após o algoritmo de classificação, a temática precisa de ser mais visualizada e as pequenas áreas isoladas precisam de ser removidas. As técnicas **Clump** e **Sieve** são utilizadas para generalizar a classificação que foi efectuada nas imagens. O Sieve é normalmente executado primeiro para tornar o mapa temático mais satisfatório, removendo os pixéis isolados com base num limiar de tamanho, e depois o Clump é executado combinando as áreas adjacentes semelhantes classificadas nas imagens. Nesta investigação, a generalização efectuada para os classificadores SVM, K-NN e Mahalanobis está relacionada com o facto de terem a maior precisão na estimativa e mapeamento da ocupação do solo em Hulu Selangor.

3.10.8 Avaliação da exatidão:

A avaliação da exatidão é a parte mais importante do estudo da classificação de imagens de dados de deteção remota, a fim de compreender e estimar a exatidão e a confiança no resultado da classificação e gerar a avaliação da exatidão para a classificação individual (Owojori et al., 2005). É também outra parte que tem merecido maior atenção por parte dos investigadores (Lillesand et al., 2004). O método de pós-classificação da ocupação do solo depende da exatidão dos resultados da classificação individual (Foody, 2002). Para avaliar a exatidão da imagem classificada, devem ser recolhidos pontos de referência correspondentes à área de estudo. Estes pontos de referência podem ser recolhidos através de GPS, imagens de satélite e dados auxiliares da ocupação do solo. Existem três valores de medição que podem ser utilizados para revelar a exatidão da classificação da imagem, a saber

1. Precisão do utilizador.
2. Exatidão do produtor
3. Coeficiente Kappa

Os valores destes elementos de exatidão podem ser obtidos a partir da matriz de erros que foi produzida pelo software. A precisão do utilizador pode ser calculada através da fórmula:

$$\frac{\text{total correct in a given class}}{\text{total number of pixels included in that class}} \quad \text{---------------------} \text{ Equation (3.12)}$$

E informa o utilizador do mapa sobre a exatidão da classificação.

Além disso, a exatidão do produtor pode ser calculada dividindo o número de amostras correctas para a classe pelo número real de pixels de verdade para a mesma classe que tratam e a fórmula abaixo definiu a exatidão do produtor:

$$\frac{\text{total correct in a given class}}{\text{total number of pixels in that class from reference data}} \quad \text{--------- Equation (3.13)}$$

A exatidão do produtor indica ao produtor do mapa a capacidade de classificação de uma classe. A última é o cálculo do Khat, que é utilizado para determinar se os resultados apresentados na matriz de erros são melhores do que a atribuição aleatória de classes. Também é utilizado para comparar classificações semelhantes para determinar se são significativamente diferentes, espacialmente com deteção de alterações ou aplicações de utilização/ocupação do solo (Jensen, 2005):

$$K_{\text{hat}} = \frac{N\sum_{i=1}^{r} x_{ii} - \sum_{i=1}^{r}(x_{i+} \times x_{+i})}{N^2 - \sum_{i=1}^{r}(x_{i+} \times x_{+i})} \quad \text{----------------------------- Equation (3.14)}$$

Onde, r = o número de linhas na matriz de erros; Xii = o número de observações na linha i e na coluna i, x_{i+} e x_{+i} são os totais marginais para a linha i e a coluna i, N é o número total de observações. Com o ambiente do software Envi_, estes três elementos podem ser calculados. Depois de terminar a realização de todas as classificações (classificações supervisionadas e orientadas para objectos), a avaliação da precisão de cada classificação é testada para revelar o nível de confiança nos resultados da classificação e isso é feito através da determinação da precisão global, do coeficiente Kappa. Precisão do utilizador e precisão do produtor para cada classificação com a utilização do software ENVI

3.11 Determinação da idade dos povoamentos de seringueiras:

Nesta etapa, temos os mapas temáticos de todos os tipos de classificação que foram efectuados anteriormente, depois utilizou o mapa temático exato da ocupação do solo obtido a partir do classificador K-NN para extrair um novo mapa temático para estimar as idades das árvores de borracha na área de estudo (Hulu Selangor).

3.11.1 Recorte e mascaramento

Nesta etapa, o investigador efectuou o recorte e o mascaramento da área das seringueiras na área de estudo, utilizando os shapefiles obtidos a partir da classificação mais exacta da ocupação do solo (classificador K-NN) e utilizando o software Envi para efetuar o recorte das imagens Spot e, após o recorte da área das seringueiras, o investigador efectuou o mascaramento da área sem interesse para não ser contabilizada na classificação.

3.11.2 Índices e DNs:

A partir deste passo, a investigação tentou descobrir e discriminar a área de seringueiras em Hulu Selangor.

Foram utilizados muitos índices para fazer e descobrir as diferenças entre seringueiras em diferentes idades, o investigador investigou a área de seringueiras através de MNDVI, NDVI e DNs de seringueiras em todas as bandas de imagens Spot 5.

3.11.3 Classificação (extração de características e classificação supervisionada):

Com a utilização da imagem recortada e mascarada para a área das seringueiras, foram efectuados vários algoritmos de classificação nesta fase. A área foi classificada em três classes (seringueiras maduras, seringueiras médias e seringueiras jovens). A seleção dos locais de treino e de teste foi efectuada utilizando o Google Earth, o mapa topográfico e o trabalho de campo com a utilização do GPS portátil Garmin para recolher amostras de terreno verdadeiras como locais de teste.

3.11.3.1 Classificação supervisionada:

O pesquisador nesta etapa realizou diversos tipos de algoritmos de classificação supervisionada para gerar o mapa temático das seringueiras em diferentes idades. Foram utilizadas imagens recortadas e mascaradas, em seguida a imagem foi classificada utilizando as técnicas (Distância Mínima, Máxima Verossimilhança, Rede Neural, Árvore de Decisão e Mahalanobis) com o uso dos locais de treinamento que geraram para as três classes, mas com o classificador Árvore de Decisão (DT) a questão foi diferente o pesquisador utilizou o (MNDVI, NDVI e DNs) como variáveis de entrada para fazer a classificação DT. As classificações foram efectuadas utilizando o software Envi.

3.11.3.2 Classificação orientada para objectos:

Para esta etapa, a classificação orientada para os objectos é efectuada utilizando dois algoritmos, o primeiro é o SVM e o segundo é o K_NN, com a seleção dos locais de treino e de teste para as três classes de áreas de borracha, tanto o SVM como o K_NN. Para a fase de segmentação, os parâmetros utilizados foram o nível de escala = 30 e o nível de fusão = 50. O kernel Sigmoid foi utilizado no SVM, e o Bias na fração do kernel = 1, parâmetro de penalização = 100. O software ENVI foi utilizado para aplicar estes algoritmos com um fluxo de trabalho de extração de características (classificação orientada para objectos).

3.11.4 Generalização

A generalização também foi utilizada depois de efetuar as classificações e obter o mapa temático das seringueiras em diferentes idades para remover os pixels isolados e dar aos mapas temáticos um melhor aspeto visual.

3.11.5 Avaliação da exatidão:

A avaliação da precisão foi o passo seguinte, utilizando os sítios de teste seleccionados que foram gerados anteriormente para realizar a matriz de confusão neste passo e para explorar quais os algoritmos de classificação que apresentam os resultados mais precisos e para calcular cada um deles:

1. Precisão do utilizador.
2. Exatidão do produtor
3. Coeficiente Kappa.

3.11.6 Sobreposição:

Nesta fase, o investigador tentou criar uma boa visualização para descrever toda a área de estudo com diferentes sobreposições, de modo a permitir uma melhor compreensão da localização de todas as características que cobriam a área de estudo (Hulu Selangor)

3.11.7 Comparação:

Nesta fase, depois de extraídos os mapas temáticos para a cobertura do solo e para as seringueiras em diferentes idades, que foram extraídos de diferentes tipos de algoritmos de classificação (classificação supervisionada e orientada para objectos), procede-se à comparação entre os resultados da classificação para descobrir quais as técnicas com maior precisão e qual a melhor para utilizar para mapear e estimar o mapa temático para a cobertura do solo e para a distribuição das seringueiras em diferentes idades.

Capítulo 4

Resultados e discussão

4.1 Introdução

Este capítulo apresenta os resultados da aplicação da metodologia do investigador que identificou o padrão e a magnitude do coberto vegetal e o mapeamento das seringueiras em diferentes estádios etários em Hulu Selangor, na província de Selangor, Malásia. Foram aplicados vários algoritmos de classificação. Este capítulo centra-se nos resultados da análise e das classificações obtidas a partir de imagens de satélite Spot 5 e utiliza algumas variáveis como variáveis de entrada para efetuar alguns algoritmos de classificação, como a Árvore de Decisão.

4.2 Melhoria de imagem:

O primeiro passo realizado pelo investigador foi melhorar as imagens de satélite para obter uma melhor visualização e descobrir a textura da maioria das características que cobriam a área de estudo. O melhoramento linear foi efectuado para as imagens Spot com uma percentagem de 2% e a figura (4.1a), (4.1b), demonstra as imagens antes e depois do melhoramento. O melhoramento linear das imagens do Spot 5 foi efectuado utilizando o EVNI 4.7; este fornece diferentes tipos de melhoramento. Os satélites Spot 5 têm 5 bandas e, a partir do resultado da otimização, o investigador tentou descobrir quais as bandas que dão uma diferenciação significativa para as características da área de estudo. O investigador tentou combinar muitas bandas por esse motivo e as bandas mais significativas que foram utilizadas para gerar a falsa cor foram (SWIR, NIR e Verde), estas bandas dão a variação mais significativa para a área de estudo e permitiram ao analista reconhecer os padrões das características da área de estudo, como mostra a figura (4.2).

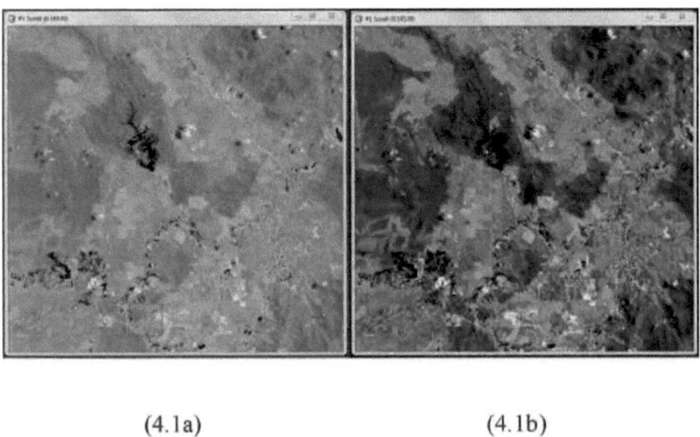

(4.1a) (4.1b)

(Figura 4.1a). Imagens de satélite antes do melhoramento linear, Figura 4.1b: indica as imagens melhoradas.

A partir das bandas seleccionadas, é fácil saber qual o padrão que representa a área florestal, a palmeira de óleo, a pastagem e o mais significativo é saber qual a área coberta por diferentes idades de seringueiras (idade madura, idade média e idades jovens), o padrão da borracha madura era verde escuro com um pouco de vermelho, as seringueiras de idade média eram verdes e a idade jovem das seringueiras era verde claro, como indicado na figura (4.2), esta capacidade de reconhecer os padrões de caraterística ajudará a realizar a classificação e levará a reduzir a classificação incorrecta ou a classificação excessiva.

(Figura 4.2). Os padrões das diferentes características na área de estudo

4.3 Corte de densidade:

O corte de densidade é o segundo passo da análise efectuada às imagens Spot para agrupar as características que cobriam a área de estudo. O Density slice funciona com base na semelhança da reflectância espetral das características, tendo sido realizado para cada banda (SWIR, NIR, Vermelho e Verde), o que ajuda a identificar qual a melhor banda para a identificação de objectos na área de estudo. O resultado do Density slicing está indicado na figura (4.3).

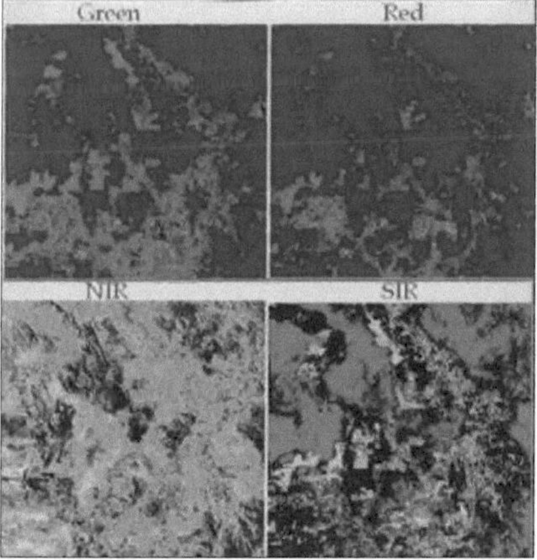

(Figura 4.3). Os resultados do corte de densidade nas bandas (Vermelho, Verde, NIR e SIR)

Os resultados do corte de densidade revelaram que as bandas verde e vermelha não são boas para a identificação das características da área de estudo, simplesmente porque há uma interferência óbvia entre as diferentes espécies de vegetação da imagem de satélite, sendo difícil reconhecer qualquer espécie ou caraterística de vegetação. No entanto, com as bandas NIR e SIR, a situação é diferente e melhor, por exemplo, é possível identificar a área urbana, os corpos de água, a floresta e as espécies de vegetação agrupadas em vários intervalos que reflectem uma melhor visualização e ajudam a executar o algoritmo de classificação.

4.4 Seleção dos locais de formação e de ensaio

4.4.1 Locais de formação:

A área de estudo em Hulu Selangor foi classificada em sete classes para efetuar diferentes técnicas de classificação e obter o mapa temático da ocupação do solo. As sete classes são (Seringueiras, Floresta, Prados, Corpos de água, Solo, Área urbana e Palmeira de óleo) e os locais de treino recolhidos foram realizados utilizando o software Envi para selecionar os polígonos da região de interesse (ROI) para cada classe, tendo depois utilizado estas ROI na classificação para gerar o mapa temático da utilização e ocupação do solo da área de estudo.

4.4.2 Locais de ensaio

Esta fase consistiu na recolha de locais de teste na área de estudo. Estes locais são muito importantes para determinar a avaliação da exatidão de cada algoritmo de classificação e para verificar a validação, o produtor e a exatidão das classificações do utilizador. Normalmente, os locais de teste são amostras de verdade terrestre, sendo preferível recolher amostras do campo da área de estudo para obter amostras de verdade terrestre puras. A recolha dos locais de teste para este estudo foi efectuada através de um gabinete e de trabalho de campo:

4.5 Trabalho de escritório:

O trabalho de gabinete foi efectuado com recurso ao mapa topográfico, ao Google Earth e à interpretação de imagens de satélite, utilizando a combinação das bandas SWIR, NIR e G para descobrir as características que cobriam a área de estudo, o investigador obteve a primeira ideia sobre a área de estudo, como a localização das características. O investigador utilizou um mapa topográfico para descobrir as áreas cobertas por diferentes características antes de ir para o terreno (área de estudo) para identificar a cobertura do solo na área de estudo, como seringueiras, palmeiras, florestas e massas de água. Infelizmente, este mapa topográfico não cobre toda a área de estudo em Hulu Selangor, apenas alguns distritos. Este mapa topográfico cobre cerca de 25% da área de estudo, o que não é problemático para o nosso estudo? simplesmente porque, para este estudo, o objetivo principal é encontrar a distribuição das seringueiras e, em seguida, cartografar as idades da borracha. Ao usar este mapa, pelo menos podemos ver onde está localizada a seringueira e porque a textura das seringueiras é difícil de identificar a partir de imagens de satélite. A partir deste mapa, algumas áreas foram contadas como seringueiras, palmeiras, florestas, solos e outras, e depois seleccionámos algumas regiões para servir de amostras de referência para este estudo no trabalho de campo. Mas ainda há benefícios, e depois de o investigador estar familiarizado com as características da área de estudo, seleccionou alguns locais para serem locais de teste numa cópia impressa da imagem de satélite relacionada com esta investigação e, em seguida, verificou estes locais antes de ir para o trabalho de campo utilizando o Google Earth, portanto, o segundo passo foi projetar a área de estudo no Google Earth, Utilizando o Arc Map para criar um shapefile, um quadrado que representa os limites da área de estudo e, em seguida, convertendo este shapefile num ficheiro com extensão (kmz), de modo a ficar satisfeito com o ambiente do Google Earth, arrastando e largando o ficheiro Kmz na interface do Google Earth, a área de estudo foi dividida em regiões por grelha no Google Earth para discriminar a área de estudo e o tipo de características que aí se distribuem. A figura (4.4) mostra que e também para verificar se os locais seleccionados a partir do mapa topográfico são verdadeiros ou alterados, utilizando o arquivo histórico do Google Earth relacionado com a mesma data das imagens de satélite Spot 5 da área de estudo. A partir da utilização do Google Earth, a investigação identificou algumas características que cobriam a área de estudo, como o dendezeiro, a floresta, a área urbana, o solo e os corpos de água, mas é muito difícil descobrir as seringueiras. Depois disso, modificou a sua imagem em papel para ser mais precisa e utilizou-a no trabalho de campo para recolher as amostras da verdade terrestre.

(Figura 4.4). A área de estudo projectada no Google Earth

Cada cor desta grelha representa uma caraterística e, depois de investigar toda a área, o investigador colocou todas estas informações na cópia impressa da imagem Spot para o orientar no trabalho de campo.

4.6 Índices de vegetação (VIs):

Na maioria dos estudos de Sensoriamento Remoto que investigam a vegetação ou a floresta, especialmente quando conduzem a cobertura da terra, eles normalmente usam índices de vegetação para discriminar a resposta diferente da plantação e outras características localizadas lá, e também para agrupar a vegetação em diferentes classes com base na semelhança em sua resposta espetral nesta pesquisa muitos desses índices foram usados para fazer a identificação para esta vegetação esta etapa foi em duas etapas:

4.6.1 Primeiro, encontre os índices de vegetação para toda a imagem pontual:

4.6.1.1 Índice de vegetação de diferença normalizada (NDVI):

Este índice foi o primeiro índice de vegetação realizado para agrupar as características que cobriam a área de estudo, a figura (4.5) demonstra o resultado deste índice.

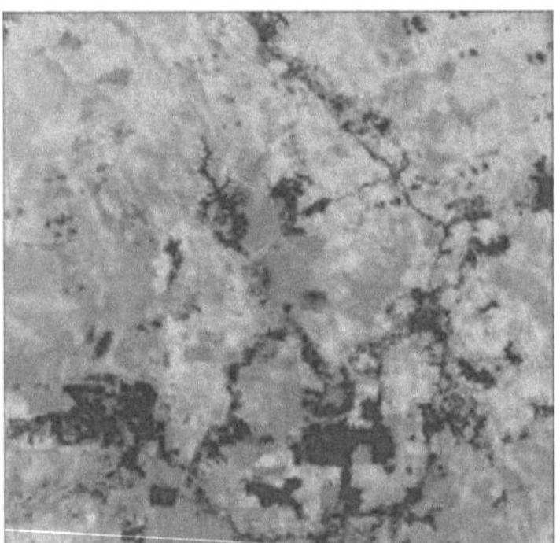

(Figura 4.5). Resultados do índice NDVI

O resultado do NDVI indicou que a identificação de cada uma das massas de água, área urbana, estradas e solo é fácil de discriminar, mas a questão tornou-se difícil com as palmeiras e as seringueiras, devido à semelhança das suas características espectrais, mas ainda assim este índice é bom porque pode ser utilizado como variável de entrada na classificação

4.6.1.2 Índice de vegetação de diferença normalizada modificada (MNDVI):

O segundo índice de vegetação utilizado foi o MNDVI para identificação da área de estudo e a figura (4.6) mostra isso. Analisando o MNDVI verificou-se que existe uma boa discriminação para as seringueiras e aparece na cor branca, a maior parte da área com cor branca representava as seringueiras na área de estudo mas com idades diferentes. Mas ainda há confusão entre o dendezeiro e a floresta, por outro lado a área urbana, o solo e os corpos d'água são fáceis de descobrir.

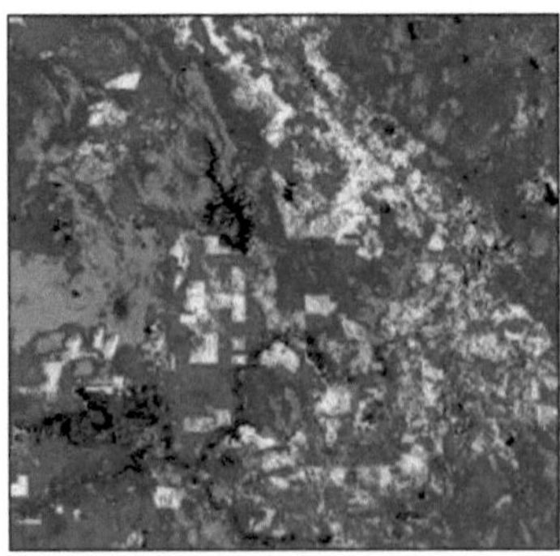

(Figura 4.6). Resultados do índice MNDVI

4.6.1.3 **Índice de brilho do solo (BI):**

Este índice foi o terceiro utilizado na busca do bom índice capaz de dar ao analisando melhor imaginação sobre as características que cobriam a área de estudo, a figura (4.7) indica este resultado. A análise deste índice reflecte que a área florestal aparece em azul escuro e o preto relacionado com os corpos de água e a área urbana ocupou a cor vermelha, com este índice ajuda a pesquisa a descobrir que a área de seringueiras está coberta de cor verde e algumas áreas de cor ciano. Depois de tentar muitos índices diferentes, o pesquisador descobriu que os três últimos índices são os que mais podem ajudar neste estudo.

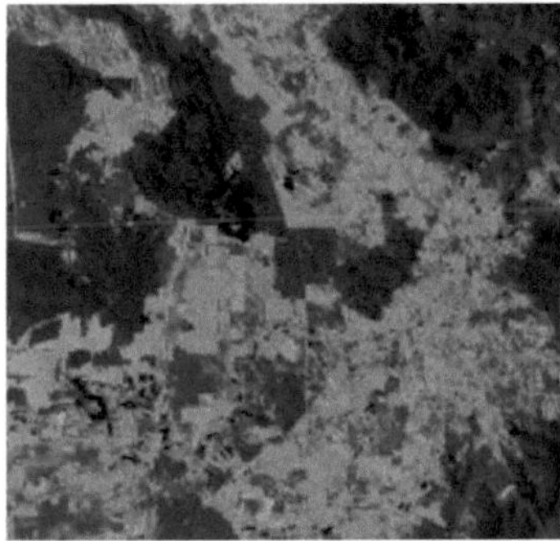

(Figura 4.7). Os resultados do índice BI

4.6.2 O segundo passo é encontrar os índices de vegetação para os pontos pontuais:

Nesta fase, a imagem do ponto 5 é subdividida em várias partes, cada uma delas relacionada com o ponto e a área circundante, sendo depois calculados os mesmos índices na última etapa. A ideia é encontrar o valor de cada índice em qualquer ponto e cada ponto representa uma ou duas características, pelo que o investigador obteve valores de índices puros relacionados com cada caraterística abrangida pela área de estudo, que serão utilizados como variáveis de entrada nos algoritmos de classificação. O mesmo foi feito com o índice BI para chegar aos valores reais que representam cada objeto na área de estudo em Hulu Selangor. Todos os cálculos destes índices foram efectuados utilizando o software Envi.

4.7 Descobrir os DNs

Este passo foi efectuado para este estudo para descobrir as gamas de DNs nas quatro bandas da imagem Spot relacionadas com todas as características distribuídas na área de estudo, para utilizar na classificação como (Árvore de Decisão) e também para utilizar noutra análise no passo seguinte. O intervalo de DNs de cada caraterística foi descoberto com a utilização do software Envi, seleccionando os pontos pontuais para examinar o intervalo de DNs para estes pontos pontuais? Simplesmente porque cada ponto representa uma caraterística, pelo que a descoberta dos DN de cada caraterística ajuda a melhorar a classificação e a conhecer, por exemplo, os DN das seringueiras, das palmeiras ou de outras características. A tabela (4.1) mostra os resultados da determinação da gama de DNs, mas a partir desta tabela é óbvio que há interferência entre as seringueiras, as palmeiras e a floresta nas quatro bandas, o que torna a classificação difícil de efetuar, mas a área urbana, o solo e as massas de água são fáceis de discriminar.

(Tabela 4.1). Gamas de características do DN que se distribuem na área de estudo em quatro faixas

DNs	Band 1(Green)	Band2(Red)	Band3(NIR)	Band4(SIR)
Rubber Trees	64-82	39-54	99 -182	74 -130
Oil palm	61 - 70	37 - 43	103 - 150	78 - 99
Forest	55 - 75	31 - 43	92 -169	55 - 116
Urban Area	105 - 199	100 - 244	103 - 164	129 - 239
Water	39 - 50	38 - 59	22 - 30	21 - 28
Soil	127 - 246	142 - 248	133 - 174	203 - 255
Other vegetation	58 -65	33 - 41	106 - 145	64 - 79

Além disso, as figuras (4.8) indicam os valores dos DNs nas bandas das imagens Spot da área de estudo, sendo óbvio a partir da figura (4.8) que a seringueira madura tem o valor mais elevado de DNs em todas as bandas. Na banda 1 (verde), o valor mais elevado começa depois a diminuir na banda 2 (vermelho) e, a partir dessa banda, os DNs das seringueiras maduras, médias e jovens começam a aumentar até atingirem os valores mais elevados na banda 4.

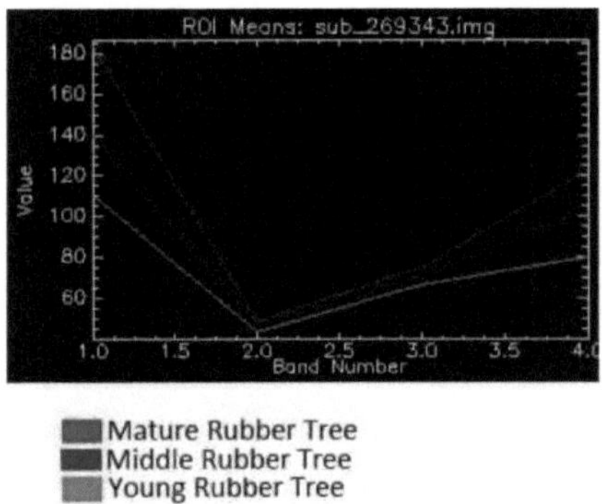

(Figura 4.8) os DNs de seringueiras em diferentes idades

4.8 Trabalho de campo:

O trabalho de campo foi efectuado com recurso a dois instrumentos de deteção remota, o primeiro por GPS e o segundo por espetrómetro, para recolher as amostras de verdade no terreno e a resposta espetral pura das características localizadas na área de estudo.

4.8.1 GPSMAP de mão :

O Garmin CSx 76 com GPSMAP tem uma precisão de Posição: < 10 metros, típica, e a Velocidade: 0,05 metros/seg. em estado estacionário. Este instrumento é amplamente utilizado para o mapeamento de percursos com base na precisão da aplicação. Considerando os pontos gerados a partir de cada um dos mapas topográficos, do Google Earth e da interpretação de imagens pontuais, estes pontos foram seleccionados como amostras de locais de teste (amostras de verdade terrestre) para serem utilizados no cálculo da avaliação da precisão de diferentes tipos de classificações. Depois disso, ao obter o sistema de coordenadas para estes pontos a partir do Google Earth, deslocamo-nos a estes pontos na área de estudo, o trabalho de campo por GPS efectuado em (julho de 2012) a área de estudo foi visitada muitas vezes porque a área é muito ampla, tem (30 x 30)Km e é difícil chegar a alguns pontos. Aqui, depois de alcançar os pontos, regista-se o tipo de caraterística e a idade, se essa caraterística estiver relacionada com seringueiras, e no trabalho de campo o investigador regista o sistema de coordenadas para a maioria das características localizadas na área de estudo, há mais de 60 amostras medidas. A imagem (4.1) mostra algumas fotografias tiradas na área de estudo quando foram registadas as coordenadas dos elementos. O datum utilizado é o World Geodetic System (WGS84), que depois converte as coordenadas para RSO_Kertau, o datum da Malásia Ocidental. A dificuldade enfrentada no trabalho de campo foi o facto de muitas áreas que estavam cobertas por seringueiras terem sido substituídas por áreas replantadas com outro tipo de plantação, como o dendém ou mesmo com novas gerações de seringueiras.

(Figura 4.1). Os registos GPS na área de estudo de Hulu Selangor

4.8.2 Espectrorradiómetro

Este é outro instrumento que foi utilizado neste estudo para descobrir os padrões espectrais de diferentes características que se distribuem na área de estudo, existem várias reflectâncias espectrais relacionadas com diferentes tipos de características registadas, mesmo com a mesma caraterística existem muitas respostas espectrais diferentes relacionadas com diferentes idades e saudáveis ou não, e a amostra que foi recolhida foi para Estrada, Borracha em diferentes idades, Palmeira de óleo, Pastagem, Solo e Outra Vegetação, O espetrómetro que foi utilizado pode registar entre 400-1100nm de comprimento de onda. Pode utilizar estas medições para conhecer o tipo de ocupação do solo e os padrões de reflectância para diferentes idades de seringueiras, tendo em conta os padrões de diferentes características.

Todas as medições que o investigador realizou com o espetrómetro foram feitas no campo de borracha da Universidade Putra Malaysia (UPM), localizado em Serdang, Selangor, Malásia, e não na área de estudo em Hulu Selangor, porque o objetivo da utilização do espetrómetro é recolher a resposta espetral pura das seringueiras em diferentes fases de idade, pelo que, se a borracha estiver em qualquer lugar, não importa e existe um campo de seringueiras na Universidade UPM, além disso, as condições climáticas e todos os factores ambientais (declive, precipitação, humidade) do cultivo da seringueira são os mesmos em ambas as zonas, pelo que se pode recolher a resposta espetral de qualquer região e utilizá-la no âmbito do estudo de investigação para analisar ou classificar a zona, e um bom exemplo desta situação são as muitas bibliotecas espectrais geradas por

O USGS e a Universidade John Hopkins (JHU) fornecem no Envi, nos E.U.A., a representação de diferentes respostas espectrais de diferentes características em todo o mundo e a maioria dos analistas em todo o mundo utiliza estes espectros mesmo para regiões de interesse que não se situam nos E.U.A.A isso porque o espetro recolhido que se relaciona com qualquer caraterística representará a mesma resposta espetral da caraterística mesmo com outro lugar, no entanto, algumas vezes poderia ser um pouco diferente se a biblioteca espetral gerada a partir de imagens e cada imagem será diferente de outra relacionada com a condição do sensor, fatores ambientais e diferentes no clima:

Primeiro: calibrar o instrumento e obter referências escuras e brancas, os instrumentos ficam prontos para medir a radiação do espetro eletromagnético que reflecte as características.

Segundo: utilizando o software Spectra Wiz spectrometer Operating, são traçados os padrões de estudo das características.

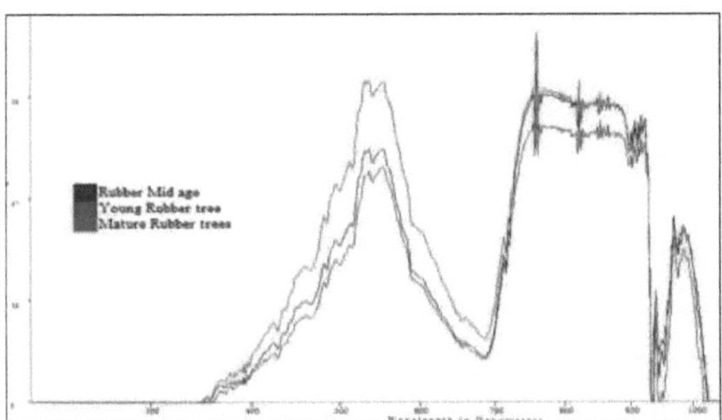

(Figura 4.9). Os padrões na figura (4.9) de seringueiras em diferentes idades representam três respostas espectrais de seringueiras maduras, médias e jovens no campo universitário da UPM, o espetro sobre a banda verde mostra que a seringueira madura tem o espetro mais alto e mais do que cada uma das seringueiras médias e jovens, então a idade média tem maior reflectância do que as seringueiras jovens que se relacionam nesta banda com a pigmentação da vegetação destas espécies, e dá uma boa chance de identificar estas características nesta banda. A banda vermelha indica que as árvores maduras ainda podem ser identificadas a partir desta banda e parece ter o espetro mais elevado de todos os tipos, mas para as árvores jovens e de meia-idade o espetro é muito semelhante e a reflectância muito próxima nesta banda, especialmente perto do fim da banda vermelha. No entanto, na banda NIR não é possível identificar os três tipos de borracha devido à interferência espetral entre eles.

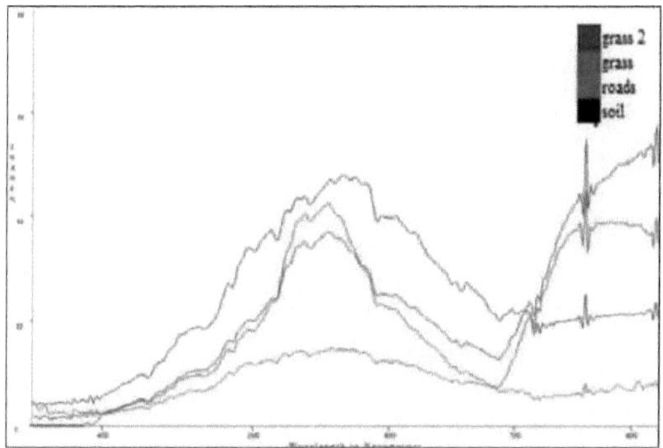

Figura (4.10). Mostrar a resposta espetral de diferentes características no Campus da UPM

A figura (4.10) revela que as quatro características podem facilmente discriminar as bandas Verde, Vermelha e também NIR, essa discriminação facilmente porque a maioria das quatro características de diferentes grupos não relacionados com a vegetação ou o solo e têm composição diferente, e que levam a fazer a diferença na reflectância espetral que reflecte a partir destes diferentes objectivos, a imagem (4.2) algumas fotos foram tiradas no trabalho de campo dentro do campo de borracha da Universidade UPM para medir a reflectância espetral de diferentes características e diferentes seringueiras em diferentes idades. A figura (4.11) mostra o espetro de todas as características que o investigador pretende classificar neste estudo.

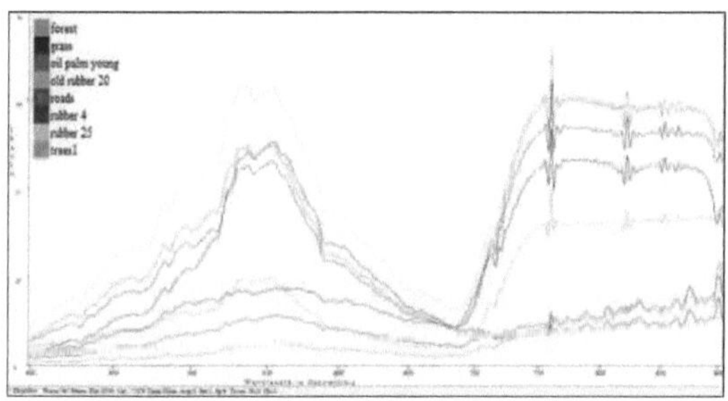

(Figura 4.11). Mostra o espetro de diferentes características na área de estudo

(Figura 4.2). Registo da resposta espetral no campus universitário da UPM

4.9 Classificação de imagens

No presente estudo, o objetivo da aplicação de métodos de classificação para estimar e cartografar as áreas de seringueiras em diferentes fases etárias na área de estudo em Hulu Selangor pode ser alcançado através da extração do mapa temático da cobertura do solo para a área de estudo e, em seguida, através de outra análise e classificação para gerar o mapa temático das seringueiras em diferentes idades para a área de estudo.

4.9.1 Classificação não supervisionada:

Há muitos tipos de classificações a efetuar, mas o objetivo de todos estes tipos é agrupar as características que têm as mesmas propriedades espectrais nas imagens digitais. Um destes tipos de classificação é a classificação não supervisionada, que tem duas formas de execução

4.9.1.1 K-means:

O investigador começou com este tipo de classificação para obter uma identificação e um agrupamento simples dos objectos da área de estudo e, utilizando o software Envi, esta classificação foi realizada com parâmetros predefinidos. O resultado do mapa temático mostra a sobreposição entre as características, por exemplo, a cor azul representa a área coberta por seringueiras e palmeiras. A cor vermelha representa a área coberta por alguma floresta e água e a cor amarela representa a área coberta por seringueiras e gramíneas. Para obter uma identificação mais precisa das classes desta imagem, foi efectuada uma outra classificação ISODATA.

4.9.1.2 ISODATA:

Esta classificação foi efectuada com parâmetros diferentes e não por defeito. A classificação foi efectuada com um número diferente de literaturas para dar às classes um maior nível de confiança e foi realizada para cada banda da imagem Spot e depois para toda a imagem para descobrir qual a banda que pode ser utilizada para identificar as características, o que ajuda a realizar uma classificação supervisionada com elevada precisão:

4.9.1.2.1 Classificação ISO sobre a faixa verde:

Nesta classificação e a partir do resultado da temática há uma interferência maciça entre as feições dentro da área de estudo, podendo-se observar a interferência entre a área de Floresta, Palma de óleo, Corpos d'água e área de Seringueiras, com boa discriminação com a área urbana. Este resultado significa que esta banda não é útil para fazer a identificação da área de estudo.

4.9.1.2.2 Classificação ISO sobre a faixa vermelha

Esta classificação foi efectuada com 15 iterações, mas continuou a dar o mesmo resultado que o obtido na última. As características foram agrupadas em classes, mas estas classes sobrepõem-se umas às outras, o que não permite obter uma boa identificação utilizando a banda vermelha. A sobreposição entre os diferentes tipos de classes da área de estudo é evidente, o que dificulta a identificação exacta das classes.

4.9.1.2.3 Classificação ISO na banda NIR

Neste mapa temático a classificação foi feita sobre a banda NIR com literacia de 15 vezes e o nº de classes foi de 5 classes, e porque toda a vegetação reflecte mais radiação com as bandas NIR o resultado poderá ser melhor do que utilizando as bandas visíveis do espetro eletromagnético, o que irá considerar que esta banda tem a melhor capacidade de identificar as características na área de estudo, este estudo ainda precisa de mais correspondência de classificação superior. A figura abaixo mostra apenas que a área florestal e a área urbana podem ser reconhecidas, mas outras características são difíceis de reconhecer.

4.9.1.2.4 Classificação ISO na banda SWIR

A classificação feita sobre a banda SWIR com literação igual a 15 vezes e o número de classes foi de 5, aqui o resultado mais preciso das três últimas classificações ISO porque a reflectância da vegetação com esta banda é mais elevada do que cada uma das bandas (Verde, Vermelho e NIR). Pode-se ver obviamente uma melhor diferenciação entre as classes, apesar de haver alguma sobreposição, por exemplo, a cor vermelha para corpos de água parece reconhecer facilmente também com a seringueira, a maior parte da área coberta com seringueiras pode ser identificada em cor ciano, mesmo com a sobreposição com outras espécies de vegetação.

4.9.1.2.5 Classificação ISO Imagem

O mapa temático é uma classificação não supervisionada foi conduzida sobre quatro bandas de Spot Imagery e o resultado bastante melhor do que outros, apesar de algumas sobreposições, mas pode identificar algumas classes, por exemplo, a maioria da cor verde representa a área de vegetação e a cor azul é representada a área que coberta com as árvores de borracha. Mesmo a classificação não-supervisionada é, por vezes, boa para identificar as características sobre que banda para qualquer área de estudo, mas para este estudo é necessário efetuar uma classificação avançada para obter melhores resultados.

4.9.2 Classificação supervisionada

4.9.3 .1 Classificação dos paralelepípedos:

O primeiro tipo de classificação supervisionada foi efectuado para este estudo, com a utilização dos parâmetros por defeito do software Envi, o resultado desta classificação indicou não revelar qualquer identificação para a área de vegetação, apenas com a água e a área urbana existe alguma identificação. No entanto, com esta classificação é óbvio que todas as espécies de vegetação são colocadas na mesma classe, o que significa que este algoritmo não tem a capacidade de identificar todas as características da área de estudo. Depois de efetuar a avaliação da precisão desta classificação através da Matriz de Confusão, o resultado indicou que a Precisão Geral = 65,08% e o Coeficiente Kappa = 0,4144.

4.9.4 .2 Regra de decisão da distância mínima: Com esta classificação, o resultado tornou-se mais confiante e melhor e a identificação das diferentes classes na área de estudo foi melhorada. A partir da matriz de confusão, a avaliação da exatidão da classificação revelou que o valor da exatidão global = 82,07 % e o valor do coeficiente Kappa = 0,6288, o que dá à investigação deste estudo mais confiança com este resultado melhor do que com o anterior.

4.9.2.3 Mapeador de ângulo espetral (SAM):

Esta classificação foi o terceiro algoritmo utilizado para obter o mapa temático da ocupação do solo para a área de estudo. O resultado mostra que a área da seringueira deu quase bons resultados, mas com algumas sobreposições com a área florestal, havendo também sobreposições entre a floresta e a palmeira de óleo, e as massas de água, a área urbana e o solo têm uma boa identificação, pelo que o resultado deste classificador não é satisfatório porque a maior parte da área de estudo estava coberta pelas plantas, que têm quase a mesma reflectância espetral. A avaliação da exatidão desta classificação indicou que a exatidão global = 59,34% e o coeficiente Kappa = 0,36

4.9.2.4 Máxima verosimilhança gaussiana:

Com este tipo de classificação, o investigador separou intencionalmente uma classe localizada na área de estudo em duas classes, apesar de não estarmos interessados em classificar esta caraterística em classes, é o dendém e a razão para o fazer é que existe semelhança entre a reflectância espetral do dendém e da seringueira em diferentes idades, especialmente na idade jovem, pelo que, ao dividir o dendém em duas classes (maduro e jovem) e selecionar novos locais de treino que tornam a classificação melhor do que antes e aqui o n. O resultado revela uma boa exatidão global = 73,12% e o coeficiente Kappa = 0,55, os resultados mostram que a área da seringueira, o dendezeiro, o solo, a área urbana, as massas de água e outras características na área de estudo foram melhor apresentadas.

4.9.2.5 Classificador de distância de Mahalanobis:

Todos os pixéis foram classificados na região de interesse (ROI) mais próxima. A classificação revela que uma boa separação entre todas as classes relacionadas com as oito classes de interesse reduziu a quantidade de sobreposição. A avaliação da classificação mostra que a Exatidão global = 84,56% e o Coeficiente Kappa = (0,64).

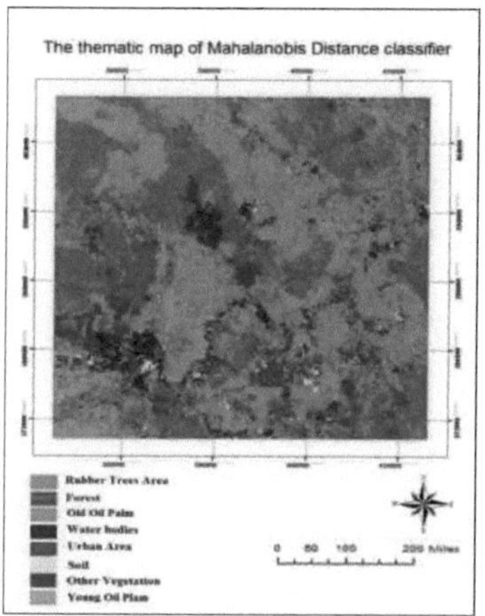

(Figura 4.12). Mapa temático do classificador da distância de Mahalanobis

4.9.3 Extração de características (classificação orientada para objectos)

Com a classificação orientada para os objectos, a classificação será diferente de todas as classificações anteriores que se basearam em pixel a pixel, mas aqui a questão é diferente, pois as imagens são divididas em objectos homogéneos. É importante compreender como é que cada variável ajuda a obter uma boa precisão de classificação, o que significa que se devem utilizar apenas os parâmetros ou factores que aumentam a precisão da classificação. Existem várias classificações efectuadas para a extração de características.

4.9.3.1 Classificador K-Nearest neighbor (K_NN):

O K-NN é o primeiro algoritmo utilizado na classificação avançada (orientada para objectos) para extrair o mapa temático da ocupação do solo da área de estudo em Hulu Selangor para as oito classes. O resultado do classificador K_NN revela que há uma melhoria na classificação, especialmente após o cálculo da avaliação da precisão, precisão global = 95,29% e coeficiente Kappa = (0,90). A figura (4.13) revela o mapa temático da ocupação do solo utilizando o K-NN.

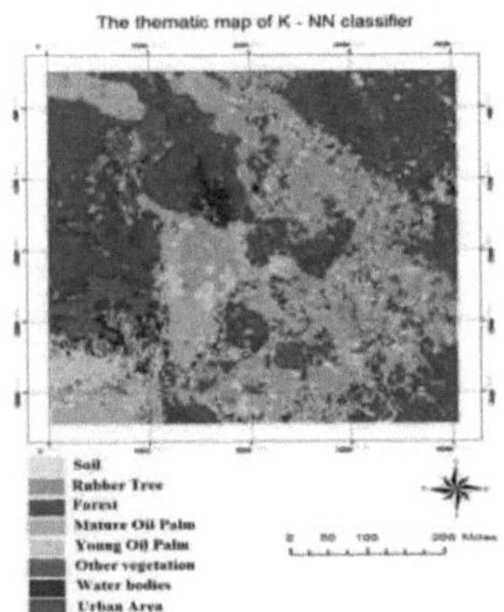

(A figura 4.13). Mapa temático da ocupação do solo por K-NN

4.9.3.2 Máquina de vetor de suporte (SVM):

Com o Envi. V_5.0 fez esta classificação, este classificador baseado em objectos de imagens que significam segmentação conduzida primeiro para toda a imagem para descobrir os objectos homogéneos, e depois combinando estes objectos, há alguns parâmetros que devem preocupar-se, a quantidade de nível de escala e nível de fusão. Os parâmetros de classificação aqui são: Nível de escala = 30, nível de fusão = 70, o tipo de kernel é kernel sigmoide, foram seleccionadas mais de 50 amostras para cada classe nos locais de treino A Figura (4.14) revela o mapa temático da classificação SVM

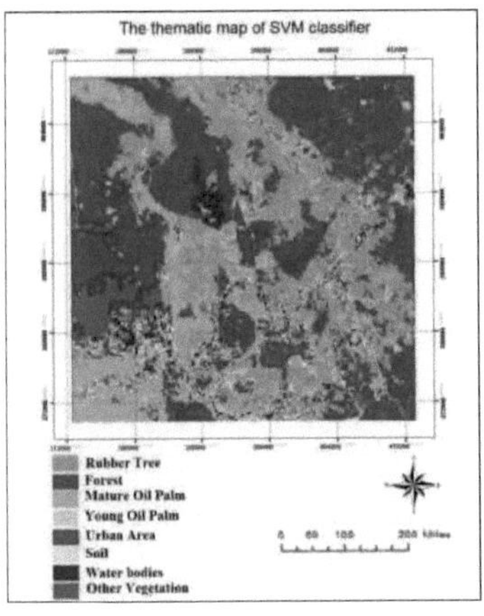

(Figura 4.14). Mapa temático da ocupação do solo com SVM

4.10 Posto - Classificação

4.10.1 Generalização (aglomeração e peneiração)

O investigador, nesta fase do estudo, efectua a generalização apenas para os mapas temáticos que apresentam a maior avaliação de precisão e que são: Classificadores Distância de Mahalanobis (classificação por pixels), SVM e K-NN (classificação por extração de feturas). Os três classificadores mencionados têm este aspeto. A generalização foi efectuada através da pós-classificação, através da realização do "Sieving" e depois do "Clumping" para estes mapas temáticos, processos estes efectuados com recurso ao software ENVI.

4.11 Determinação da idade dos povoamentos de seringueiras

Depois de obter o mapa de cobertura do solo para a área de estudo por diferentes tipos de algoritmos, nesta fase o pesquisador tentou extrair outro mapa temático para estimar e mapear a distribuição de Seringueiras em diferentes idades, também com o uso de muitos classificadores.

4.11.1 Recortar e mascarar a área das árvores de borracha:

O primeiro passo para estimar as idades das seringueiras foi recortar a área das seringueiras a partir das imagens Spot 5, utilizando o shapefile das seringueiras que obteve a maior precisão de classificação do mapa temático K-NN, e depois realizou o recorte das imagens Spot, realizando em seguida o Mascaramento para fazer a contagem dos pixels fora da área de interesse. O investigador gerou alguns índices de vegetação e descobriu os intervalos de DNs para discriminar as diferentes idades da seringueira. As imagens recortadas e mascaradas são apresentadas na figura (4.15)

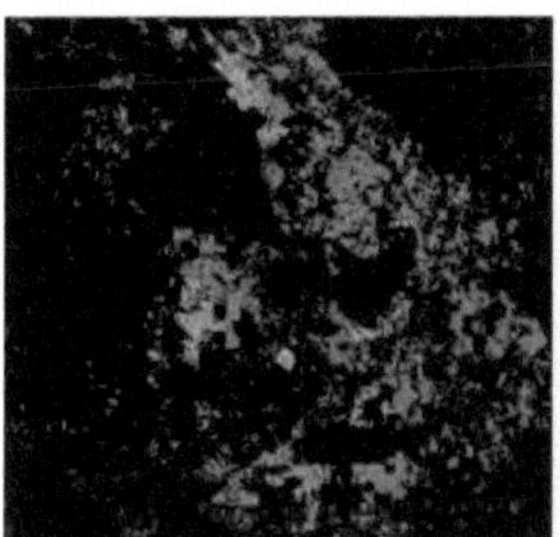

The Clipped imagery

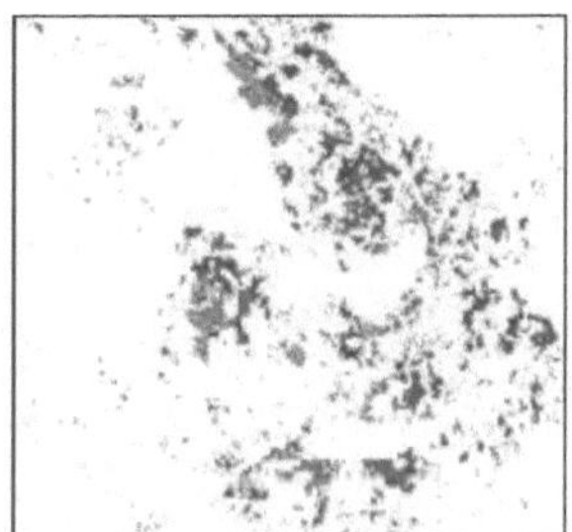

The Masked imagery

(Figura 4.15). Recorte e mascaramento da área de seringueiras em Hulu Selangor

4.11.2 Análise de dados

4.11.2.1 Índices de vegetação:

Foram calculados índices de vegetação que ajudam a diferenciar seringueiras em diferentes estágios de idade. O pesquisador realizou três tipos de índices para a área da seringueira, sendo eles MNDVI, NDVI e BI. O resultado desses índices foi usado como variáveis de entrada na classificação e para dar uma imagem mais clara sobre a distribuição das seringueiras, e também para usar como variáveis de entrada na realização da classificação.

4.11.2.2 Intervalos de DNs:

Esta etapa tem como objetivo descobrir os intervalos de DNs de Seringueiras em diferentes idades em cada banda da imagem Spot e, em seguida, utilizar esses intervalos como regras para a classificação. A descoberta dos valores de DNs foi efectuada utilizando o software ENVI e a tabela mostra esses valores.

4.12 Classificação e análise de imagens

4.12.1 Classificação supervisionada:

Nesta fase, foram utilizados vários tipos de algoritmos para estimar a distribuição das árvores de borracha com base nas idades.

4.12.1.1 Classificador de árvore de decisão:

Este algoritmo precisa de algumas regras ou variáveis de entrada para ser conduzido e, a partir da análise feita anteriormente, o pesquisador descobriu que o uso de alguns índices de vegetação (MNDVI, BI, NDVI) e o valor de DNs sobre a banda 4 (SIR) está dando melhores resultados para discriminar a distribuição de seringueiras em diferentes idades, a figura (4.16) descreveu essas regras e a árvore de condução deste algoritmo. O mapa temático do classificador DT é apresentado na figura (4.18).

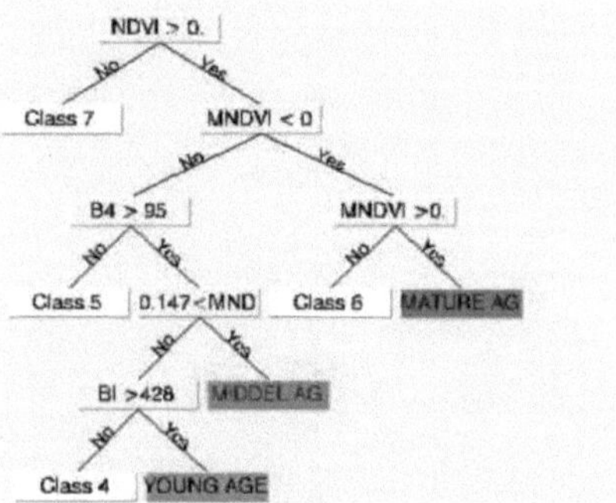

(Figura 4.16). Regras da árvore de decisão

A avaliação da precisão revela que a precisão global = 80,81% e o coeficiente Kappa = 0,70, o que reflecte um bom resultado.

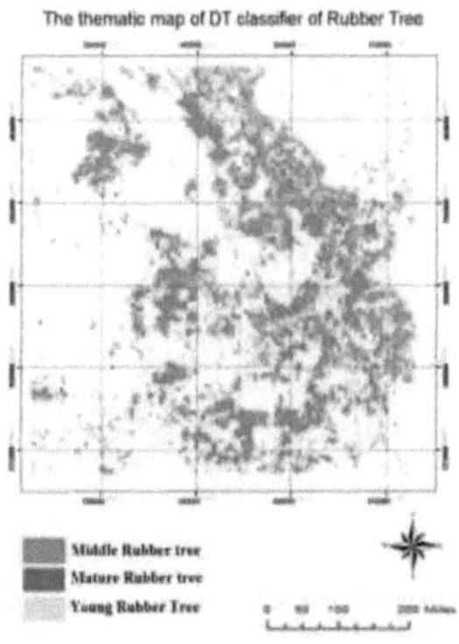

(Figura 4.17). Mapa temático de árvores de borracha da Árvore de decisão

4.12.1.2 Classificador de máxima verosimilhança:

O segundo algoritmo de classificação foi efectuado neste estudo, sendo necessário gerar novos locais de treino. A área de estudo foi dividida em três classes (Seringueiras Maduras, Médias e Jovens) e, em seguida, foi efectuada a classificação. A Matriz de Confusão foi utilizada para obter a avaliação da precisão deste algoritmo. O resultado revela que o valor da Precisão Global = 91,70% e o Coeficiente Kappa = (0,86), que representam um bom resultado e uma classificação muito satisfatória

4.12.1.3 Classificador de distância mínima

Outra classificação utilizada para extrair o mapa temático das idades da borracha, este classificador foi realizado depois de seleccionados os locais de treino e, tal como o último classificador, é dividido em

A área de borracha em três categorias e depois de efectuada a matriz de confusão para a classificação, a avaliação da precisão revela que o valor da precisão global = 90,22% e o Coeficiente Kappa = 0,83.

4.12.1.4 Classificador de distância de Mahalanobis:

Esta classificação foi realizada após a utilização dos mesmos locais de treino para as três classes de seringueiras e o mapa temático da distribuição da borracha com base na idade examinada pela matriz de confusão para encontrar a avaliação da precisão, e o resultado revela que o valor da precisão global = 96,25% e o coeficiente kappa = (0,93), a figura (4.18) mostra o mapa temático.

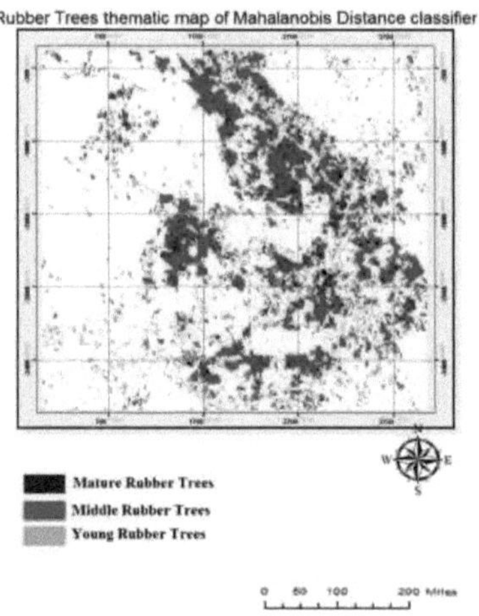

(Figura 4.18) o mapa temático do classificador da distância de Mahalanobis

4.12.1.5 Classificador de rede neural:

Esta classificação foi utilizada para extrair o mapa temático das árvores de borracha que cobriam a área de estudo em Hulu Selangor em diferentes idades e utilizou os mesmos sítios de treino que foram gerados antes de a classificação ter sido efectuada, após o que o passo seguinte foi calcular a avaliação da exatidão através da matriz de confusão e o resultado da exatidão global foi de 94,13% e o coeficiente Kappa = 0,89 .

4.12.2 Classificação orientada para objectos

4.12.2.1 Classificador K_NN

Nesta classificação, depois de selecionar o nível de escala, o nível de fusão, a imagem de segmentação feita, a seleção dos locais de treino feita em seguida, a classificação realizada e encontrar um resultado para estimar as idades da seringueira e a avaliação da precisão desta classificação, o investigador utilizou a matriz de confusão, e a precisão global = 97,49% e o coeficiente kappa = (0,93), a tabela (4.2) descreveu os outros resultados e o mapa temático é mostrado na figura (4.19)

(Tabela 4.2). Resultado da classificação K_NN das árvores de borracha

Nome da caraterística	Contagem de recursos	Prod. Ace.	Ac. do utilizador
Borracha madura	4090	96.14	96.51
Borracha Média	2618	96.82	99.62
Borracha jovem	8609	98.60	78.52

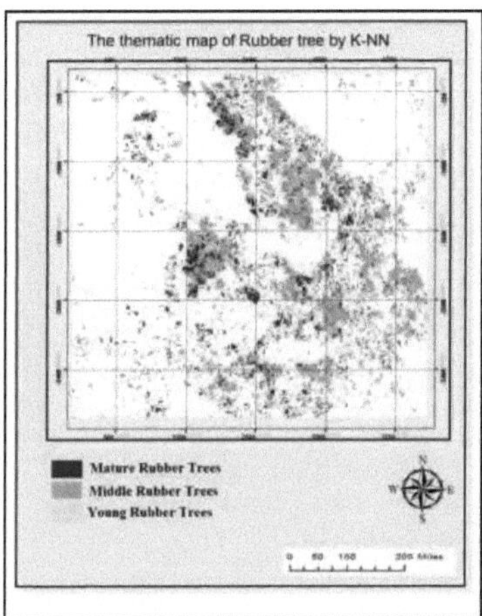

(Figura 4.19). O mapa temático do classificador K-NN

4.12.2.2 Classificação SVM:

Esta é a segunda classificação avançada utilizada neste estudo, a classificação efectuada após a segmentação da imagem e o mapa temático deste tipo de classificação classificou a área de borracha em três classes.

Precisão = 96,90% e Coeficiente Kappa = 0,90, a figura (4.20) mostra o mapa temático extraído deste classificador

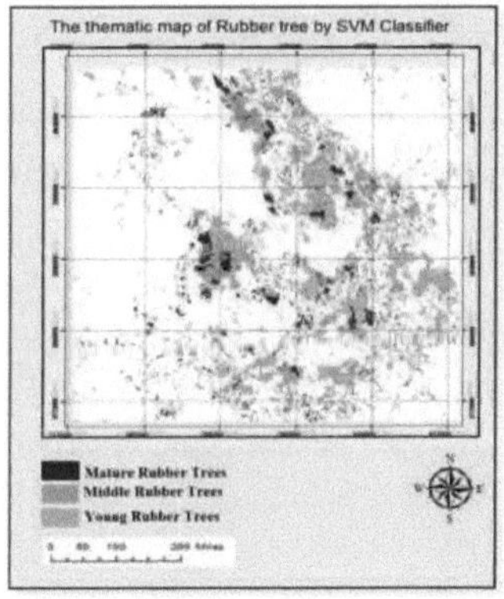

(Figura 4.20). O mapa temático de SVM

4.13 Generalização:

A generalização foi efectuada para todos os mapas temáticos relacionados com a distribuição das seringueiras na área de estudo, e a figura (4.21) demonstra a generalização do mapa temático de K-NN, a classificação exacta, a generalização conduzida utilizando o software ENVI e aplicando técnicas de aglomeração e peneiração.

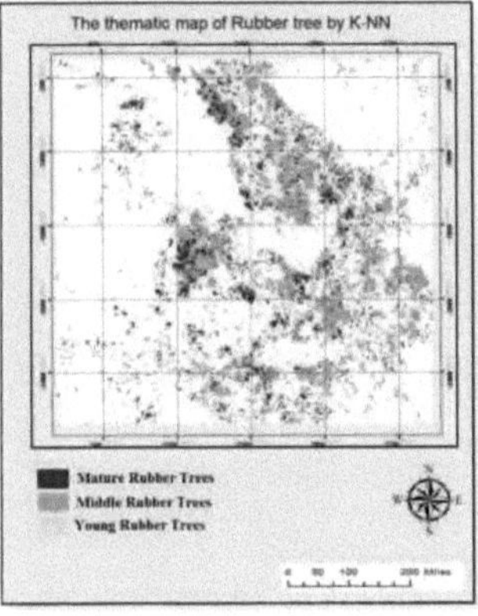

(Figura 4.21). o mapa de generalização de K-NN de árvores de borracha

4.14 A sobreposição do mapa temático:

Esta fase foi efectuada para permitir uma melhor identificação e para se ter uma boa ideia da distribuição das características na área de estudo.

4.15 Validação

A falta de dados estatísticos provinciais e a dificuldade de obter dados auxiliares dificultam a validação desta investigação, mesmo com diferentes técnicas o investigador obteve uma boa avaliação da exatidão e é uma boa forma de validar o resultado, este estudo de caso tem apenas um estudo relacionado com 2008 e a figura (4.22) mostra o shapefile apenas da distribuição da borracha e não a distribuição da borracha em diferentes idades e o investigador sobrepôs este shapefile ao shapefile que obteve deste estudo e que é demonstrado na figura (4.23)

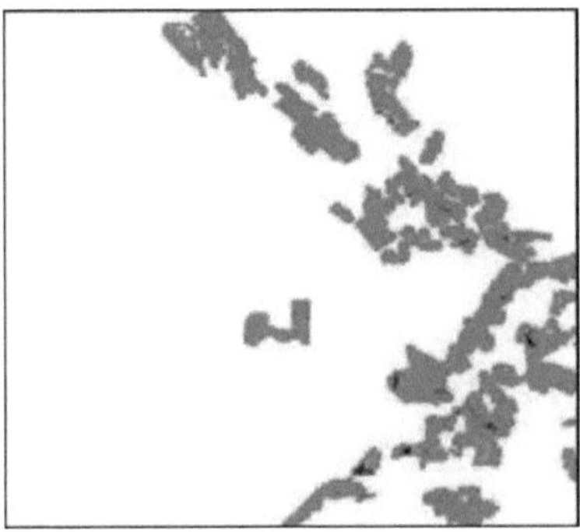

(Figura 4.22). O shapefile das árvores de borracha em 2008 na área de estudo

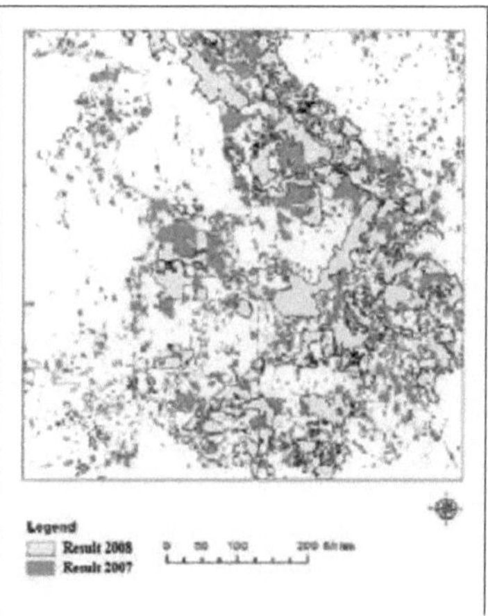

(Figura 4.23). A sobreposição de seringueiras em 2008 e 2007 A diferença entre elas é de (5638,561 hectares) resultado de outro estudo feito em 2008 há diferença entre nossa pesquisa e a segunda e que está relacionada a:

Com base nos resultados e no trabalho de campo, consideramos a nossa investigação mais exacta do que o segundo estudo, porque:

1- O número de amostras de verdade terrestre deste estudo é superior a 60 amostras, mas com apenas cerca de 15 amostras para as segundas.

2- Neste estudo, foram utilizados mais de dois programas informáticos, mas os segundos apenas um programa.

3- Neste caso, foram utilizados vários algoritmos de classificação e, noutros estudos, apenas um algoritmo.

4- Tipo de classificação para este estudo com base em:

- Por pixéis (Classificação normal: classificação supervisionada e não supervisionada).
- Por objectos (classificação orientada por objectos).

5- Visitar o terreno várias vezes faz com que o investigador esteja muito familiarizado com a área de estudo, o que ajuda a selecionar os locais de treino para efetuar qualquer tipo de classificação; por outro lado, o número de amostras de verdade terrestre relacionadas com o segundo estudo é de 15, o que significa que o analista não está muito familiarizado com a área de estudo.

4.16 Avaliação qualitativa da exatidão do projeto

O investigador considera que a precisão do projeto com diferentes técnicas de classificação é um resultado muito satisfatório e muito lógico, mesmo com a falta de dados auxiliares ou com a resolução espacial e espetral não ser de um nível muito elevado, mas foram feitas muitas análises e investigações para obter este resultado a partir do Google Earth, do mapa topográfico, do trabalho de campo utilizando o GPS ou o espetrómetro, o exame de DNs sobre as bandas de imagens Spot 5, investigou diferentes índices de vegetação e seleccionou apenas o mais útil para este projeto e utilizando o software ENVI para realizar a análise e a resolução espacial final foi igual a 10 m, o que é bastante bom para a identificação de espécies de plantas e, além disso, o Spot 5 tem uma boa resolução espetral para fazer a discriminação das espécies de vegetação.

4.17 Comparação:

4.17.1 Exatidão da ocupação do solo

Depois de realizar todos os tipos de classificações, o investigador efectuou uma comparação entre a exatidão de todas as classificações para saber qual a técnica com maior exatidão e com capacidade para realizar esta investigação para a cobertura do solo e para estimar as idades das seringueiras. A tabela (4.3) mostra a comparação entre as classificações ao nível da exatidão global e do coeficiente Kappa.

(Quadro 4.3).Comparação entre a exatidão das classificações para a ocupação do solo

classification	Overall acuracy	Kappa coefficient
Spectral Angle mapper	59.34%	0.36
Parallelepiped	65.08%	0.41
Maximum likelihood	73.12%	0.55
Minimum Distance	82.07%	0.63
MahalanobisDistance	84.56%	0.64
SVM object oriented	89.72%	0.79
K_NN object oriented	95.29%	0.90

A tabela revela a avaliação da precisão dos diferentes tipos de classificação. O resultado mostra que o classificador K-NN orientado para objectos tem a precisão mais elevada e, em seguida, o SVM, a precisão global do K-NN foi igual a 95,29% e a do SVM foi igual a 89,72%, simplesmente porque ambos os classificadores se baseiam em objectos de imagem e não nos outros baseados em pixels. O resultado mais baixo foi o SAM, isso porque a maioria das características que cobriam a área de estudo eram espécies de vegetação e essa classificação precisa usar a biblioteca espetral para obter um bom resultado, mas infelizmente não há biblioteca espetral disponível e satisfatória com a área de estudo, e também a condução do algoritmo de classificação é diferente, por exemplo, o Paralelepípedo, O mínimo baseado na distância leva a erros de classificação ou classifica alguns pixéis relacionados com a classe com uma classe diferente, porque considerando a distância mais próxima, outro classificador baseado na probabilidade, com a área com alta probabilidade, classificará todos os pixéis com essa classe, como a máxima verosimilhança, mais uma coisa que qualquer classificação baseada em pixéis será no final inferior à classificação realizada com base nos objectos da imagem, como SVM e K-NN. A figura (4.24) mostra o gráfico da exatidão de todos os tipos de classificação

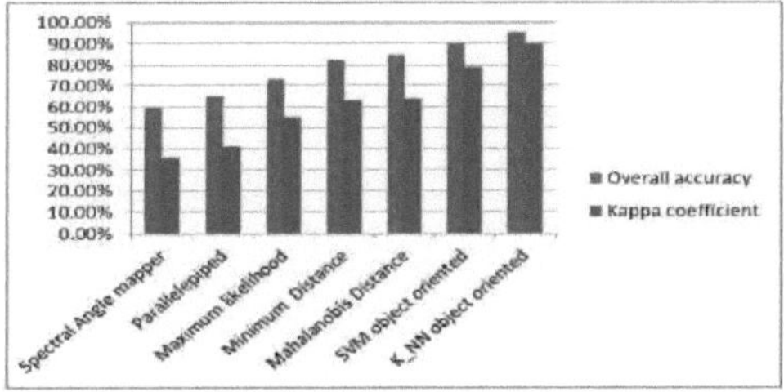

(Figura 4.24). Diferentes precisões de diferentes classificadores para a ocupação do solo

4.17.2 Precisão da distribuição de árvores de borracha em diferentes idades

A segunda comparação foi feita entre a classificação de diferentes idades do povoamento de seringueiras e os resultados desta comparação são apresentados na tabela (4.4), e também na figura (4.25) o gráfico que representa cada precisão global e coeficiente Kappa.

(Tabela 4.4). Comparação entre a exatidão das classificações da seringueira

classificação	Exatidão geral	Coeficiente Kappa
Árvore de decisão	80.80%	0.70
Distância mínima	90.21%	0.83
Máxima verosimilhança	91.70%	0.85
Classificador de rede neural	94.12%	0.89
Classificador Mahalanobis	96.25%	0.93
SVM orientada para objectos	96.90%	0.91
KNN orientado para objectos	97.48%	0.93

O gráfico abaixo demonstra a diferente precisão dos diferentes classificadores de borracha, de acordo com Anderson et al (1976), o nível mínimo de precisão de interpretação na identificação do uso do solo e das categorias LU-LC a partir de dados de deteção remota deve ser de pelo menos 85%, portanto, o SVM e K-NN o melhor algoritmo para a identificação LC-LU, mas com a distribuição da área de borracha a distância mínima, a máxima verosimilhança, o classificador de rede neural, o classificador de Mahalanobis, SVM e K-NN são bons para usar.

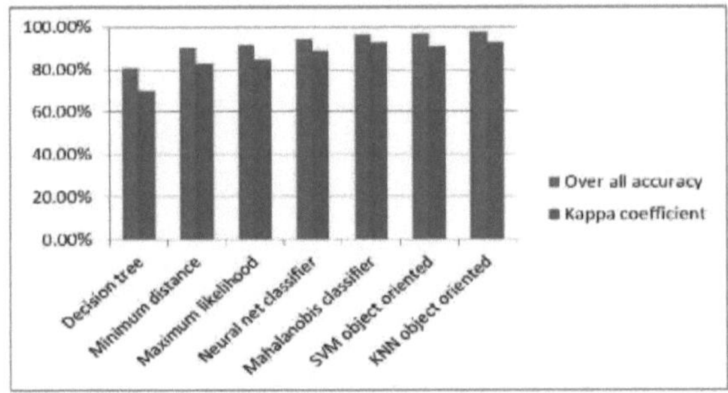

(Figura 4.25). Diferentes precisões de diferentes classificadores de borracha

4.17.3 A comparação entre o comprimento de onda e os DN

Utilizando o software Envi e o software StellarNet Spectroradiometer para desenhar os valores de reflectância espetral e de DNs nas quatro bandas da imagem Spot 5, para fazer a comparação entre os dois diagramas, a partir da figura (4.26) é óbvio que há interferência entre as características que cobriram a área de estudo e que o fator que mais afecta diretamente a identificação das características é a vegetação, e apenas o solo, as massas de água e a área urbana são fáceis de identificar em todas as bandas da imagem Spot. Os valores de DNs de todas as espécies de vegetação nesta área de estudo têm valores de DNs mais elevados, que começaram entre (120 -140) DNs na banda 1 (Verde) e depois na banda 2 (Vermelho) os DNs das características começaram a reduzir drasticamente para atingir valores entre (30 - 60) DNs que ocorreram devido à absorção de energia nesta banda, os valores de DNs nas bandas 3 e 4 (NIR, SIR) começaram a surgir ligeiramente, a partir do diagrama parece difícil realizar a discriminação para esta área, no entanto, na banda 4 (SIR) dá uma melhor identificação.

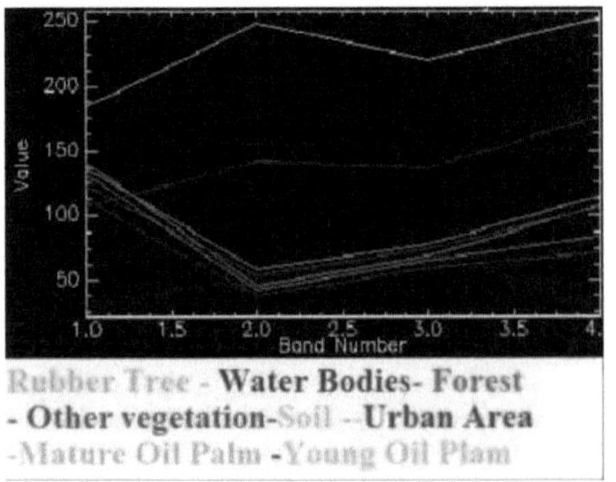

(Figura 4.26). DNs das características da imagem sobre as bandas de satélite pontuais

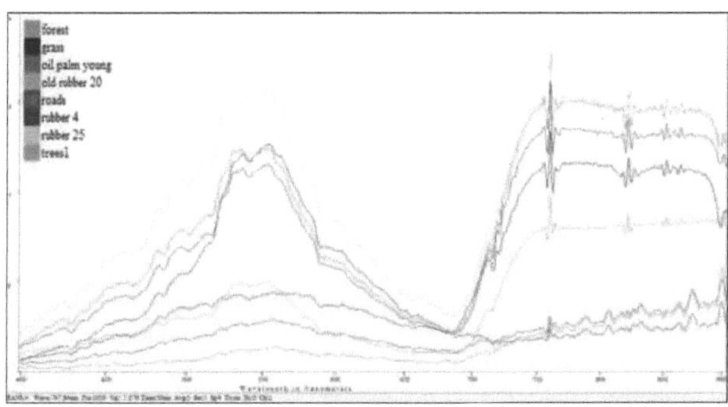

(Figura 4.27) reflectância espetral dos elementos da imagem

Esta figura revela que a maioria dos espectros das feições são interferentes em todas as bandas e isso dificultou muito a discriminação destas feições, por exemplo na banda 1 é óbvio que a maioria das espécies de vegetação tem maior reflectância que está relacionada com a pigmentação na sua composição, depois na banda 2 os espectros das feições tendem a baixar devido à absorção da maior parte da energia, Na banda 3 existe uma separação entre a reflectância espetral das características, podendo considerar-se esta banda como uma boa banda para identificar estas características mesmo com a sobreposição entre Seringueiras Maduras e Médias, infelizmente porque a capacidade do espetrómetro que foi utilizado neste estudo tem um comprimento de onda até 1100nm, não se pode realmente obter a resposta espetral destas características com esta banda, mesmo que os valores DNs mostrem uma boa identificação. A partir desta comparação, a investigação assume que a utilização da banda SWIR (B4) e NIR (B3) são as melhores bandas para discriminar as características desta investigação e também, o melhor índice de vegetação que pode dar uma boa identificação são estes índices que lidam com estas duas bandas.

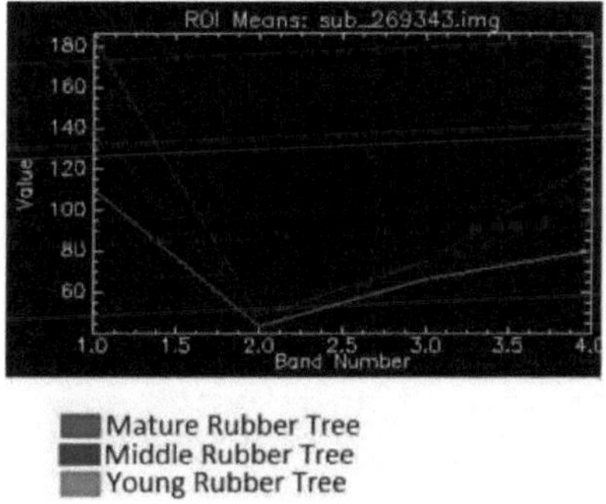

(Figura 4.28). DNs de diferentes idades de seringueiras nas bandas de satélite pontuais

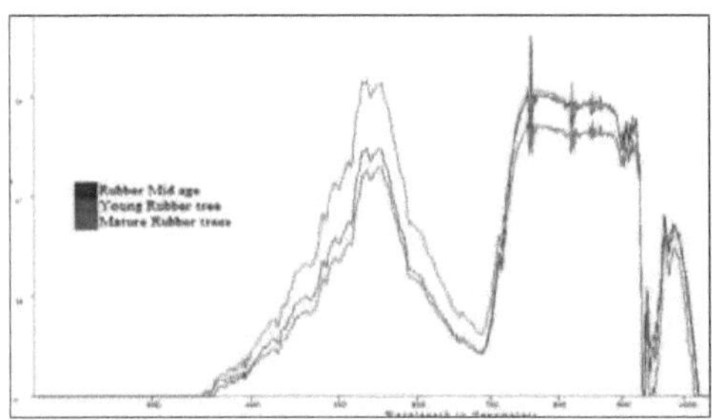

(Figura 4.29). A reflectância espetral das diferentes idades das seringueiras (Figuras (4.28 e 4.29)) revela que os valores de DNs das seringueiras na banda 1 começam no período entre (110-180), e depois os valores de DNs começam a reduzir na banda 2, com a banda 3 a maioria das três classes de seringueiras tem valores de DNs muito próximos, o que torna a identificação destas classes muito difícil. No entanto, com a banda 4, os DNs da seringueira madura tornam-se os mais elevados, seguidos da seringueira média e da terceira classe de seringueiras jovens, o que faz desta banda uma boa banda para efetuar a identificação. Em todas as bandas parece que a borracha madura tem o valor mais elevado e o mais baixo é o das seringueiras jovens, e a partir deste diagrama os resultados da resposta espetral revelam que as bandas 1 e 2 são melhores para a identificação das espécies vegetais.

CAPÍTULO 5

Conclusão e recomendação

5.1 Conclusão

A seringueira é um sector vegetal importante para apoiar a economia da Malásia. A Malásia é conhecida como um dos primeiros países a exportar o látex da borracha e a madeira para diferentes países do mundo. As seringueiras da Malásia também têm sido utilizadas à escala económica como uma boa madeira para o fabrico de mobiliário, o que se tornou uma forma muito importante de aumentar drasticamente o rendimento económico da Malásia. A seringueira da Malásia é um dos melhores tipos de borracha para a produção de látex de borracha natural para comercialização, como é óbvio, se virmos a Malaysian Rubber Exchange (MRE) e a Malaysian Rubber Board (MRB).

Este projeto procurou avaliar a capacidade de utilizar dados de deteção remota e técnicas de SIG para estimar e cartografar as seringueiras em diferentes idades em Hulu Selangor, estado de Selangor, Malásia. Este projeto procurou responder a dois objectivos: o primeiro era descobrir o mapa temático das seringueiras em diferentes idades com recurso a imagens de satélite, amostras de terra verdadeiras e utilizando diferentes métodos de classificação. O segundo objetivo consistia em comparar a precisão das diferentes classificações para descobrir qual o algoritmo com melhor capacidade de determinar a distribuição da borracha em diferentes idades. Este projeto utilizou com sucesso a alta resolução espacial das imagens Spot 5 (10m) com quatro bandas para realizar a classificação da cobertura do solo e depois extrair a distribuição das seringueiras com base nas suas idades. As classificações foram realizadas utilizando quatro bandas multiespectrais. As classificações foram geradas utilizando a classificação supervisionada com diferentes algoritmos, tais como (MLC, MDC, MDC, Rede Neural, DT, Paralelepípedo e SAM) e a classificação da orientação do objeto utilizando os algoritmos SVM e K-NN.

Os resultados desta investigação revelam que a utilização de imagens Spot 5 fornece dados aceitáveis para estimar e cartografar a distribuição das seringueiras com base nas suas idades, podendo assim contribuir de forma prática para o desenvolvimento de métodos de inventário das plantações de seringueiras em Hulu Selangor, Malásia. A precisão global da orientação por objectos mostra a maior precisão para este estudo, especialmente para os métodos K-NN, SVM, Mahalanobis e Maximum likelihood, que revelam bons resultados com a utilização das imagens Spot 5 por técnicas de deteção remota para cartografar o crescimento das seringueiras na área de estudo. No entanto, a obtenção deste resultado através da utilização destas técnicas, não significa que estas técnicas sejam as melhores para fazer a classificação em qualquer área de estudo, porque isso está relacionado com o tamanho da área de estudo, o tipo de características que aí se encontram, por exemplo, pode obter-se um bom resultado com elevada precisão a partir da execução de quaisquer algoritmos de classificação, mesmo a classificação não supervisionada, com um tamanho pequeno da área de estudo e com diferentes tipos de características, tais como (massas de água, área urbana e floresta), como é o caso desta área, é fácil obter uma precisão elevada porque qualquer algoritmo pode facilmente identificar este tipo de características, mas com uma área grande, especialmente se estiver coberta por diferentes tipos de espécies de vegetação, é difícil obter uma precisão elevada. Por exemplo, aqui o SAM tem uma precisão fraca, mas se utilizarmos a reflectância espetral por espetrómetro obteremos uma precisão melhor.

5.2 Recomendação

Embora o resultado seja bastante bom com a utilização da classificação orientada para objectos, mas com a classificação supervisionada ainda são necessários demasiados parâmetros para melhorar a precisão, recomenda-se que:

1. Utilização de dados auxiliares, tais como:

a) Os tipos de classes de solos melhorarão as regras que serão utilizadas para efetuar a classificação.

b) O Modelo Digital de Elevação (DEM) com alta resolução dará ao analista a área coberta por seringueiras, que será usada como variável de entrada na classificação.

c) Temperatura média da área de estudo, sabendo que a borracha cresce com temperatura entre (28 - 35°), é possível prever a área de borracha.

d) A média de precipitação da área de estudo.

e) A humidade atmosférica da área de estudo.

f) A luz solar intensa durante cerca de 2000 horas por ano, ou seis horas por dia durante todo o mês, se o analista dispuser desta informação, poderá obter uma melhor precisão.

g) Mapa topográfico da zona de estudo.

Todos estes factores são bons para usar em projectos como este para usar como variáveis de entrada na realização da classificação e previsão da área coberta com borracha.

2) A utilização de dados temporais de deteção remota dará uma boa oportunidade para monitorizar o crescimento da área de borracha, especialmente com diferentes idades.

3) A utilização de dados de deteção remota de elevada densidade espacial e espetral, como os dados hiperespectrais, permitirá a identificação de diferentes espécies de vegetação, sendo a seringueira uma dessas espécies.

4) A melhor época para detetar a distribuição da seringueira é na estação caducifólia, simplesmente porque todas as folhas das árvores localizadas nas áreas circundantes da seringueira caem durante esta estação e isso ajuda a identificar melhor as respostas espectrais da seringueira e evita qualquer confusão espetral com outras espécies de vegetação localizadas ao redor da área das seringueiras.

Referências

Andrew J T, Abdisalan M N, Simon I H. Defining approaches to settlement mapping for public health management in Kenya using medium spatial resolution satellite imagery. Sensoriamento Remoto do Ambiente 2004, 93 (1/2): 42-52.

A Ekandinata, A. Widayati e G. Vincent.Rubber Agroforest Identification Using Object-Based Classification in Bungo District, Jambi, Indonesia. 25ª Conferência Asiática sobre Sensoriamento Remoto, Chiang Mai, Tailândia 2004:22-26

A. J. W. De Wit e J. G. P. W. Clevers. Efficiency and Accuracy of Per-Field Classification for Operational Crop Mapping (Eficiência e precisão da classificação por campo para mapeamento operacional de culturas). International Journal of Remote Sensing 2004; 20: 4091-4112.

Asner, G. P., e K. B. Heidebrecht. Spectral unmixing of vegetation, soil and dry carbon cover in arid regions, Comparing multispectral and hyperspectral observations. Int J Remote Sens 2002;19:3939-3958

Anderson, J.R., Hardy, E.E., Roach, J.T. Witmer, R.E. A Land Use and Land Cover Classification System for Use with Remote Sensor Data. Government Printing Office: Washington, DC, EUA, 1976.

A. D. Ziegler, J. M. Fox e J. Xu, The Rubber Juggernaut, Science 2009; 5930:10241025.

Sítio Web do BRNEO Post, consultado em 20 de junho de 2012, a partir de

http://rubbermarketnews.net/2012/05/risda-subsidies-available-rubber-replanting/.

Baker, J. R., Briggs, S. A., Gordon, V., Jones, A. R., Settle, J. J., Townshend, J. R. G., & Wyatt, B. K.,. Avanços na classificação para mapeamento da cobertura do solo usando SPOT HRV. Jornal Internacional de Sensoriamento Remoto 1991;12:1075-1085

B. Martinez a, M.A. Gilabert , F.J. Garcia-Haro , A. Faye b, J. Melià ,a Departament de Fisica de la Terra i Termodinàmica, Universitat de València, Dr. Moliner, 50, 46100-Burjassot, Espanha, Centre de Suivi Ecologique (CSE), Dakar, Senegal,2011.

CIDA , Desflorestação: florestas tropicais em declínio, sítio Web consultado em 16 de junho de 2012 a partir de

http://books.google.com.my/books?hl=en&lr=&id=7neggOmXBn0C&oi=fnd&pg=PR7&dq=Desflorestação:+florestas+tropicais+em+declínio++CIDA&ots=ofxgy9xez4&sig=Op3F9wBugA1WlAjxiYfaiXOy3rs#v=onepage&q&f=false.

Cilas, C., Costes, E., Milet, J., Lengnaté, H., Gnagne, M. & Clément-Demange, A. Department of Statistics Malaysia. Relatório setorial mensal: Borracha, novembro de 2011. Recuperado em 20 de agosto de 2012 de

http://www.statistics.gov.my/portal/mdex.php?lang=en).

Christian C., Evelyne C., Jacqueline M., Hyacinthe L., Michel G., e André C., Caracterização da ramificação em dois clones de Hevea brasiliensis. Journal of Experimental Botany 2006; 5 : 1045-1051.

C. D. Lippitt, J. Rogan, Z. Li, J. R. Eastman e T. G. Jones. Mapeamento do corte seletivo de árvores em florestas mistas de folha caduca: A Comparison of Machine Learning Algorithms. Photogrammetric Engineering and Remote Sensing 2008:1201-1211.

D. C. Mann, Addicted to Rubber, journal of Science 2009; 5940;565-566.Cortes e Vapnik,. Corinna Cortes e Vladimir Vapnik. Redes de vectores de suporte. Machine Learning 1995; 20:273-297, 1995.

Congalton, R. A review of assessing the accuracy of classifications of remotely sensed data. Remote Sensing of Environment 1991;37: 35-46.

De Sherbinin, A. Remote Sensing in Support of Ecosystem Management Treaties and Transboundary Conservation (Deteção Remota em Apoio a Tratados de Gestão de Ecossistemas e Conservação Transfronteiriça). Palisades, NY: CIESIN na Universidade de Columbia. Obtido em 12 de setembro de 2012 em http://sedac.ciesin.columbia.edu/rstreaties/RS&EMTreaties Nov05 screen.pdf

E. L. Civco, Artificial Neural Networks for Land Cover Classification and Mapping. International Journal of Geographical Information Science 1993;2:173-186.

D.V.K. Nageswara R., Shankar M., A.N. Sasidharan N. e K.I. Punnoose Agronomy/Soils Division, Rubber Research Institute of India, Kottayam Journal of the Indian Society of Soil Science 2002; 3: 239-246.

F. Van Ranst, H. Tang, R. Groenemans e S. Sinthurahat. Application of Fuzzy Logic to Land Suitability for Rubber Production in Peninsular Thailand, Geodema 1996; 1: 1-19.

EPA, Ecological impacts and evaluation criteria for the use of structures in marsh management, EPA-SAB-EPEC-98-003, janeiro de 1998. Obtido em 14 de junho de 2012. De

http://books.google.com.my/books?hl=en&lr=&id=U1gLcoLxFswC&oi=fnd&pg=PR15&dq=EPA,+%22Ecological+impacts+and+evaluation+criteria+for+the+use+of+structures+in+marsh+management&ots=f02RIB7dw4&sig=hk-GxHVfnaab2pc2Rrmlk Vkg1M#v=onepage&q&f=false

ExelisVisual Information Solutions, sítio Web.recuperado em 20 de julho de 2012.de

http://www.exelisvis.com

G. Sangermano e R. Eastman. Ligando SIG e Ecologia: O Uso de MahalanobisTypicalities para Modelar a Distribuição de Espécies. In: G. D. Buzai, Eds., Memorias XI Conferencia Iberoamericana de Sistemas de Información Geogràfica, Buenos Aires, 2007.

H. Rembold e F. Maselli. Estimating Inter-Annual Crop Area Variation Using MultiResolution Satellite Sensor Images,International Journal of Remote Sensing 2004;25. 2641-2647.

I. Rembold e F. Maselli. Estimation of Inter-Annual Crop Area Variation by the Application of Spectral Angle Mapping to Low Resolution Multitemporal NDVI Images, journal of Photogrammetric Engineering and Remote Sensing 2006; 1:55-62.

Foody, G. M,. Abordagens para a produção e avaliação da classificação fuzzy da ocupação do solo a partir de dados obtidos por deteção remota. Int J Remote Sens 1996;17:1317.

FAO 2006. Faostat data,Retrieved 1 August, 2012 from .http://faostat.fao.org (Acedido em 16.9.2006)

Foody, G,. Status of land cover classification accuracy assessment. Remote Sensing of Environment 2002;1: 185-201.

Gemerden van, B. S., & Hazeu, G. W,. Landscape Ecological Survey (1:100.000) of the Bipindi- Akom II-Lolodorf region Southwest Cameroon. Kribi: TCP 1999:164

Gallego F J. Remote sensing and land cover area estimation.International Journal of Remote Sensing 2004; 15: 3019-3047.

Geir-Harald S., Wenche D., Gunnar E. Instituto Norueguês de Inventário de Terras, P.O. Box 115, N-1430 As, Noruega, 2002

Gong, P., e P. J. Howart. Classificação contextual baseada na frequência e redução do vetor de nível de cinzento para identificação do uso do solo. Photogramm Eng Remote Sens 1992; 58:423.

Gorte, B., e A. Stein. Bayesian classification and class area estimation of satellite images using stratification, IEEE Transactions on Geoscience and Remote Sensing 1998;3:803-312

Gualtieri, J. A., & Cromp, R. F. Support vetor machines for hyperspectral remote sensing classification. Proceedings of SPIE 1998; 3584: 221-232.

J. M. Foody, N. A. Campbell, N. M. Trodd e T. F. Wood. Derivation and Applications of Probabilistic Measures of Class Membership from the Maximum Likelihood Classification (Derivação e aplicações de medidas probabilísticas de associação de classes a partir da classificação de máxima verosimilhança). Photogrammetric Engineering and Remote Sensing 1992; 9:1335-1341.

K. M. Foody, Hard and Soft Classifications by a Neural Network with a Non- Exhaustively Defined Set of Classes, International Journal of Remote Sensing 2002; 18: 3853-3864.

Hong, L. T. & Sim, H.C. Rubberwood- Processing and Utilisation. Malayan Forest Records 39. Instituto de Investigação Florestal da Malásia, Kuala Lumpur 1999: 254.

L. Li, T.M. Aide, Y. Ma e W. Liu,. A procura de borracha está a causar a perda de florestas tropicais de elevada diversidade no sudoeste da China. Biodiversity Conservation 2007;6:1731- 1745.

M. Li, Y. Ma, T. M. Aide e W. Liu,. Past, Present and Future Land-Use in Xishuangbanna, China and the Implications for Carbon Dynamics, Forest Ecology and Management 2008;1: 16-24.

N. Hu, W. Liu e M. Cao. Impact of Land Use and Land Cover Changes on Ecosystem Services in Menglun, Xishuangbanna, Southwest China, Environmental Monitoring and Assessment 2008;(1-3): 147- 156.

H.R. Matinfar, F. Sarmadian, , S.K. Alavi Panah, e R.J. Heck. Comparisons of Object-Oriented and Pixel-Based Classification of Land Use/Land Cover Types Based on Lansadsat7, Etm+ Spectral Bands (Case Study: Arid Region of Iran) 2007; 4 : 448-456.

Hongmei L. , Youxin M., T. Mitchell , Wenjun L. a Xishuangbanna Tropical Botanical Garden, Chinese Academy of Sciences, 88 Xuefu Road, Kunming 650223, PR China, PO Box 23360, Department of Biology, University of Puerto Rico, San Juan 00931-3360, Puerto Rico 2007

H.M.Z shafri e F.S.H Ramle ,Departamento de Engenharia Civil, Faculdade de Engenharia, Universidade Putra Malásia ,43400 serdang,Selangor ,Malásia,2009

Hsu, C.-W., C.-C. Chang, e C.-J. Lin. Um guia prático para classificação de vectores de suporte. Universidade Nacional de Taiwan. Obtido em 12 de maio de 2012 em http://ntu.csie.org/~cjlin/papers/guide/ guide.pdf.

Johnson R D, Kasischke E S. Análise de vectores de mudança: uma técnica para a monitorização multiespectral da cobertura e condição do solo. International Journal of Remote Sensing 1998; 19(3): 411-426.

O. Fox e J. Vogler. Land-Use and Land-Cover Change in Montane Mainland Southeast Asia, Environmental Management 2005;3: 394-403.

P. R. Quinlan. Induction of Decision Trees (Indução de árvores de decisão). Machine Learning 1986; 1: 81-106.

Q. Chang, M. C. Hansen, K. Pittman, M. Carroll e C. Di-Miceli. Mapeamento de milho e soja nos Estados Unidos usando conjuntos de dados de séries temporais MODIS. Agronomy Journal 2007;6: 654-1664.

John R.J. introduction to Digital Image processing,A Remote sensing Perspective 2005;3:239-247.Pearson prentice hall.

John R.J.. Deteção Remota do Ambiente, Uma Perspetiva dos Recursos Terrestres 2007;1:148-189.Pearson prentice hall

Jan S., Barbora E., Methodology for mapping non-forest wood elements using historic cadastralmaps and aerial photographs as a basis for management "Czech University of Life Sciences, Faculty of Environmental Sciences, Department of Landscape Ecology, Na'm. Smirᵛ ick_ych 1, 281 63 Kostelec n._C.l., República Checa,2009.

Jingxiong Z. , Roger P., An evaluation of fuzzy approaches to mapping land cover from aerial photographs "Department of Geography University of Edinburgh, Drummond Street, Edinburgh EHS 9Xc UK , 1997.

John A. Richards,The Australian National University Research School of Information Sciences and Engineering (RSISE) Dept. of Systems Engineering Canberra, ACT 0200 ,Australia,2006

R. R. Eastman, J. Toledano, S. Crema, H. Zhu e H. Jiang,. In-Process Classification Assessment of Remotely Sensed Imagery," GeoCarto International 2005;4:33- 44.

Krishnakumar, A.K. & Potty, S.N. Nutrição de Hevea. In: Sethuraj Natural Rubber: Biology, Cultivation and Technology 1992: 239-263.

S. Hurni, . Rubber in Laos: Detection of Atual and As- Sessment of Potential Plantations in Lao PDR Using GIS and Remote Sensing Technologies, Tese de Mestrado, Centro para o Desenvolvimento e Ambiente, Universidade de Berna, Berna, 2008.

Khorram, S., Brockaus, J. A., & Cheshire, H. M,. Comparação de dados Landsat MSS e TM para classificação do uso do solo urbano. IEEE Trans. on Geoscience and Remote sensing 1987;25: 238-243.

Kamaruzaman J., Malek Hj. Mohd Yusoff ,Universidade de Yale, Recursos Tropicais de Yale. Mohd Yusoff Universiti Teknologi MARA, UiTM Arau, 02600 Perlis, Malásia.

Kamaruzaman J. ,Tropical Forest Airborne Observatory (TropAIR) Faculdade de Silvicultura, Universiti Putra Malaysia , Serdang 43400, selangor, Malásia,2009.

Kontoes, C.. Um sistema experimental para a integração de dados GIS na análise de imagens baseada no conhecimento para a deteção remota da agricultura. Int J Geogr Inf Syst 1993:7:247.

Kruse, F.A., J.W. Boardman, A.B. Lefkoff, K.B. Heidebrecht, A.T. Shapiro, P.J. Barloon, e A.F.H. Goetz. O Sistema de Processamento de Imagem Espectral (SIPS): Visualização interactiva e análise de dados de espectrómetros de imagem. Remote Sensing of Environment 1993;44. 145-163.

Lunetta, R. Aplicações, formulação de projectos e abordagem analítica. In: Lunetta,R.c C. Elvidge (eds): Deteção de Alterações por Deteção Remota: Ambiente

Monitorização e aplicações. Taylor & Francis 1999.

Li, Z., & Fox, J. M. Integrando tipicidades de Mahalanobis com uma rede neural para mapeamento da distribuição de borracha. Cartas de Sensoriamento Remoto 2011;2, 157e166

Lemmens, R.H.M.J., Soerianegora, I. &Wong, W.C. PROSEA Plant Resources of South-East Asia 5(2), Timber Trees: Minor Commercial Timbers. Backhuys, Leiden 1995.

Laura Rantala . Rubber plantation performance in the Northeast and East of Thailand in relation to environmental conditions, Msc Thesis, University of Helsinki, Finland 2006.

Lillesand T., Kiefer R. W., e Chipman J.,. Remote Sensing and Image Interpretation, Fifth Edition,

Wiley 2007.

Latifovic R, Fytas K, Chen J, Paraszczak J. Assessing land cover change resulting from large surface mining development. International Journal of Applied Earth Observation and Geoinformation 2005;7(1): 29-48.

Lambina E F, Turnerb B L, Helmut J G. The causes of land-use and land-cover change: moving beyond the myths. Global Environmental Change 2001, 11(4): 261-269.

Lobell, D. B. View angle effects on canopy reflectance and spectral mixture analysis of coniferous forests using AVIRIS. Int J Remote Sens 2002; 23:2247.

Landgrebe, D. A. Signal Theory Methods in Multispectral Remote Sensing (Métodos de teoria do sinal na deteção remota multiespectral). 508. Hoboken, NJ: Wiley 2009.

Lu, D., e Q. Weng. Análise de mistura espetral das paisagens urbanas em Indianápolis com imagens Landsat ETM+. Photogramm Eng Remote Sens 2004;70:1053.

Lillesand, T., R. Kiefer,. Remote sensing and image interpretation, John Wiley & Sons Ltd Chichester, UK. 2004 5ª Ed.

Lewinski, S. Applying fused multispectral and panchromatic data of Landsat ETM+ to object oriented classification. Resultados do 26º Simpósio EARSeL, Novos desenvolvimentos e desafios na deteção remota 2006, Varsóvia, Polónia.

Liu, C.C. Image processing of FORMOSAT-2 data for monitoring the South Asia tsunami, International Journal of Remote Sensing 2007; (13-14):3093-3111

Mertens, B. Spatial modelling of diverse deforestation processes (Modelação espacial de diversos processos de desflorestação). Doutoramento não publicado, Universite Catholique de Louvain, Louvain 1999.

Mather, M. Computer processing of remotely - sensed images: an introduction: Wiley & Sons1987.

Milesi C, Elvidge C D, Ramakrishna R N. Assessing the impact of urban land development on net primary productivity in the southeastern United States. Remote Sensing of Environment, 2003; 86(3): 401-410.

Mayunga S D, Coleman D J. Zhang Y , A semi-automated approach for extracting buildings from QuickBird imagery applied to informal settlement mapping. International Journal of Remote Sensing 2007; 28(10): 2343-2357.

M. Charat. Centro de Geo-informática para o Desenvolvimento do Nordeste da Tailândia, Faculdade de Ciências, Universidade de Khon Kaen, Khon Kaen Tailândia 40002.

M. A. Wulder, S. M. Ortlepp, J. C. White e S. Maxwell. Avaliação dos produtos de imagem Landsat-7 SLC-off para a deteção de alterações florestais. Canadian Journal of Remote Sensing 2008;34(2): 93-99.

M. M. Rahman , E. Csaplovics , B. Koch b, M. Kohl , a Departamento de Ciências da Terra, Universidade de Tecnologia de Dresden, Helmholz strasse 10, D-01069 Dresden, Alemanha -

mahmud@frsws10.forst.tu-dresden.de, csaplovi@rcs.urz.tu- dresden.de,b Departamento de Sensoriamento Remoto e Sistema de Informação da Paisagem, Universidade Albert-Ludwigs, Tennenbacher strasse 4, D-79106, Freiburg, Alemanha - Barbara.Koch@felis.uni-freiburg.de, c Departamento de Silvicultura Mundial, Universidade de Hamburgo, Leuschner strasse 91, 21031 Hamburgo, Alemanha koehl@holz.uni-hamburg.de

Maselli, F., C. Conese, L. Petkov, e R. Resti. Inclusion of prior probabilities derived from a nonparametric process into the maximum likelihood classifier, Photogrammetric Engineering & Remote Sensing 1992; 58:201-207.

McIver, D.K., e M.A. Friedl. Using prior probabilities in decision-tree classification of remotely sensed data, Remote Sensing of Environment 2002;81:253-261.

Myint, S. W. 2001. Uma abordagem robusta de análise e classificação de texturas para a discriminação de características de uso e ocupação do solo urbano. Geocarto Int 2001;16:27.

Mausel, P. W., W. J. Kramber e J. K. Lee. Optimum band selection for supervised classification of multispectral data. Photogramm Eng Remote Sens 56:55. Previsão do tempo. Obtido em 6 de julho de 2012 em http://www.myweather2.com/City- Town/Malaysia/Hulu-Selangor/climate-profile.aspx.

Nemmour H, Chibani Y. Multiple support vetor machines for land cover change detection: an application for mapping urban extensions. ISPRS Journal of Photogrammetry & Remote Sensing 2006; 61(2): 125-133.

Nordin, L., Shahruddin, A., and Mariamni, H., Application of AIRSAR Data to Oil Palm Tree Characterization, MACRES Bulletin, ISSN No: 1511-7748, 2002, Kuala Lumpur

Olthof I, Fraser R H. Mapping northern land cover fractions using Landsat ETM+. Sensoriamento Remoto do Meio Ambiente 2007, 107(3): 496-509.

Okin, G. S. Practical limits on hyperspectral vegetation discrimination in arid and semiarid environments (Limites práticos da discriminação hiperespectral da vegetação em ambientes áridos e semiáridos). Remote Sens Environ 2007; 77:212.

Owojori, A. e H. Xie. Landsat Image-Based Lulc Changes of San Antonio, Texas Using Advanced Atmospheric Correction And Object-Oriented Image Analysis Approaches. 5º Simpósio Internacional sobre Sensoriamento Remoto de Áreas Urbanas, Tempe, AZ.2005.

Osborne, P., J. Alonso, e R. Bryant. Modelling landscape-scale habitat use using GIS and remote sensing: a case study with great bustards. Journal of Applied Ecology 2001;38: 458-471.

Patrick J C, Thomas W K, John O. Assessing land-use, impacts on biodiversity using an expert systems tool.Landscape Ecology 2000, 15(1): 47-62.

PUTKLANG Wasana. Effect of Paddy Area Conversion to Rubber Plantation on Rural Livelihoods: Um estudo de caso da bacia hidrográfica de Phatthalung, no sul da Tailândia. Jornal Internacional GMSARN 2009; 2(4), 185-190.

P. A. Hernandez, I. Franke, S. K. Herzog, V. Pacheco, L. Paniagua, H. L. Quintana, A. Soto, J. J. Swenson, C. Tovar, T. H. Valqui, J. Vargas e B. E. Young, "Predicting Species Distributions in Poorly-Studied Landscapes," Biodiversity and Conservation 2008;17(6):1353-1366.

Pedroni, L. Improved classification of Landsat Thematic Mapper data using modified prior probabilities in large and complex landscapes, International Journal of Remote Sensing 2003; 24:91-113

R. Katawatin, P. H. Crown e D. L. Klita. Mapeamento de culturas de estação seca na Tailândia usando dados Landsat-5 TM. Canadian Journal of Remote Sensing 1996; 22 (4):349-472.

Rao, P. & Vijayakumar, K.R. Mathew, N.M . Biology, Cultivation and Technology. Desenvolvimentos em Requisitos Climáticos de Culturas, Borracha Natural: Biologia, Cultivo e Tecnologia. Desenvolvimentos na Ciência das Culturas 23. Elsewier 2002;610 .

Rouse, J.W., R.H. Haas, J.A. Schell, e D.W. Deering. Monitoring Vegetation Systems in the Great Plains with ERTS (Monitorização dos sistemas de vegetação nas Grandes Planícies com o ERTS). Terceiro Simpósio ERTS, NASA SP- 351, 1973, I: 309-317.

Rashed, T. Revealing the anatomy of cities through spectral mixture analysis of multispectral satellite imagery: Um estudo de caso da região do Grande Cairo, Egipto. Geocarto Int 2001;16:5.

Sonne, N. Produtos florestais não lenhosos na área do projeto Campo Ma'an: A case study of the North eastern periphery of the Campo National Park, South Cameroon (Relatório de consultoria): Projeto Campo Ma'an.2001.

Serneels, S., Said, M. Y., & Lambin, E. F. Land cover changes around major East Afrian wildlife reserves: the Mara ecosystem. International Journal of Remote Sensing 2001;22(17): 3397-3420.

Shankar M., D.V.K.N. Rao2, N. Usha Nair1 e James J., Rubber Research Institute of India, Rubber Board, Kottayam, Kerala, Índia 686009 E-mail: meti@rubberboard.org.in, 2. Cientista sénior, IGFRI, Jhansi, UP, Índia 284003.

S. Huang ,Departamento II de Biologia, Centro GeoBio da Universidade de Munique, *GroX* haderner Str. 2, 82152 Planegg-Martinsried, Alemanha,2006.

San M. J. e G. S. Biging. Comparação de abordagens de classificação de fase única e multi-fase para mapeamento do tipo de cobertura com dados TM e SPOT. Remote Sens Environ 1997; 59:92.

Strahler, H.,. The use of prior probabilities in Maximum Likelihood Classification of remotely sensed data, Remote Sensing of Environment, 1980; 10:135-163.

Thai See Kiam. Actas da Conferência Internacional sobre o Desenvolvimento de Plantações de

Madeira O Diretor, Unidade de Plantações Florestais, Sede do Departamento Florestal, Peninsular, Malásia, 2001.

Thomas M. Lillesand e Ralph W. Kiefer, Remote Sensing and Image Interpretation, John Wiley and Sons, 1994

White, R., S. Murray e M. Rohweder. Grassland Ecosystems. World Resources Institute, Washington, D.C.2000.

Yafei Li , Gaohuan Liu . Deteção de alterações na vegetação de Xishuangbanna na China. (Instituto de Ciências Geográficas e Investigação de Recursos Naturais, Academia Chinesa de Ciências, Laboratório Estatal de Sistemas de Informação Ambiental e de Recursos, Pequim 100101, China 2011.

Zhang, J., Huss, V.A.R., Sun, X., Chang, K. e Pan, D. Morfologia e posição filogenética de uma alga verde trebouxiofítica (Chlorophyta) que cresce na seringueira, Hevea brasiliensis, com a descrição de um novo género e espécie. Eur. J. Phycol. 2008;43(2): 185 - 193.

Z. Li e J. R. Eastman. Medidas de Compromisso e Tipicidade para o Mapa Auto-Organizável. Revista Internacional de Sensoriamento Remoto 2010; 31(16) 4265-4280.

Z. Li e J. M. Fox. Mapeamento do crescimento da seringueira no Sudeste Asiático continental usando séries temporais MODIS 250 m NDVI e dados estatísticos. Geografia Aplicada 2011;32(2): 420-432.

Z. Li e J. M. Fox. Integrando Tipicalidades de Mahalanobis com uma Rede Neural para Mapeamento de Distribuição de Borracha, Cartas de Sensoriamento Remoto 2011; 2(2):57-166.

Printed by Books on Demand GmbH, Norderstedt / Germany